重点行业二氧化碳排放统计方法研究
——基于环境统计报表制度

董文福　傅德黔　景立新　唐桂刚　等著

U0350883

中国环境出版社·北京

图书在版编目（CIP）数据

重点行业二氧化碳排放统计方法研究：基于环境统计报表
制度/董文福等著. —北京：中国环境出版社，2014.4
ISBN 978-7-5111-1720-5

Ⅰ. ①重… Ⅱ. ①董… Ⅲ. ①二氧化碳—排气—研究
Ⅳ. ①X511

中国版本图书馆 CIP 数据核字（2014）第 025678 号

出 版 人　王新程
责任编辑　张维平　宋慧敏
封面设计　金　喆

出版发行　**中国环境出版社**
　　　　　（100062　北京市东城区广渠门内大街 16 号）
　　　　　网　　　址：http://www.cesp.com.cn
　　　　　电子邮箱：bjgl@cesp.com.cn
　　　　　联系电话：010-67112765（编辑管理部）
　　　　　　　　　　010-67112738（管理图书出版中心）
　　　　　发行热线：010-67125803，010-67113405（传真）
印　　刷　北京中科印刷有限公司
经　　销　各地新华书店
版　　次　2014 年 6 月第 1 版
印　　次　2014 年 6 月第 1 次印刷
开　　本　787×1092　1/16
印　　张　12.25
字　　数　260 千字
定　　价　46.00 元

前　言

从发达国家温室气体排放统计与监测在环境管理中日渐重要的地位，以及国内排放控制对统计监测工作的迫切需求看，我国相关的统计监测工作已经滞后，该项工作的"常态化"仅是时间问题。环境统计监测部门如何开展温室气体排放统计监测？已有的制度和工作程序需要做哪些调整与衔接？均需要有长期安排。

我国温室气体排放总量中二氧化碳（CO_2）排放量占据了绝对比例，从我国 CO_2 排放结构看，火电、水泥、钢铁三个行业排放占主导地位，减排工作落脚点也应该放在这三个行业上。因此，要确定环境统计监测部门开展 CO_2 排放统计监测工作的前期目标，即：①将 CO_2 排放统计监测纳入环境统计体系。基于企业及地方报送的数据会成为国家今后总量控制、交易乃至环境监管数据的基础，立足于现有的统计监测制度和工作基础，建立一套统计监测方法与工具，首先对火电、钢铁、水泥行业 CO_2 数据展开统计，积累有关经验，继而建立一套完整的温室气体统计监测制度和科学的方法论。②为相关环境管理决策和科学研究提供数据基础。目前国内研究人员在计算温室气体的排放量时，由于缺乏微观层面的活动水平数据，多采用 IPCC（International Panel on Climate Change）推荐的排放系数，这使得计算结果存在较大的误差和不确定性。若开展 CO_2 的排放统计，就可获取工业企业尺度上的详细数据，从而为计算出符合中国国情的工业行业 CO_2 排放系数提供翔实的数据基础，还能实现宏微观层面核算的排放结果之间的比较，有利于摸清我国 CO_2 的排放量，为应对气候变化的环境管理决策提供支撑。

中国环境监测总站早在 2008 年就着手研究将温室气体纳入环境监测与统计的方法，并考虑进行试点。国内没有现成的经验，只能将发达国家的做法做参考，相关工作是在非常薄弱的基础上开展的。一套完整的统计监测指标体系需要经得起实践检验，由于形势紧迫，只能边研究、边试点；我国涉及温室气体排放的行业类型较多，优先考虑研究和试点那些排放量占据绝对地位的温室气体类型和重点污染源行业。因此，确定了理论研究、试点试验、扩大试点、调整与衔接、全国性统计试验的工作路径。

（1）理论研究阶段

2008 年起，环境统计监测部门开始参与环境保护部重点财政项目《温室气体排放统计核算与环境监管能力建设》研究，承担温室气体排放统计技术方法研究和重点行业排放统计试点。研究明确了首先选择火电、水泥、钢铁三个重点污染源工业行业与 CO_2 进行研究和试点，工作任务包括总结发达国家与国际性组织的基本做法，从理论上、从排放统计指标体系上进行研究。2008 年年底，按照"排放源—排放过程—排放量理论计算方法—需要采集的指标"框架，从物耗、设备、工序、产能等方面确定了 CO_2 排放源的主体指标项，同时增加了企业信息和经营状况等辅助指标项，形成了火电、水泥和钢铁行业的 CO_2 排放统计表格。

（2）试点试验阶段

2009 年，将统计监测的理论指标体系按"符合环境统计工作的特点与要求"进行梳理，形成重点污染源行业 CO_2 排放统计指标体系，提出可填报、可核算的统计报表，供试点试验之用，目标是初步验证统计报表在实际工作中的可操作性，积累统计监测经验。确定西部城市——贵阳市作为试点试验城市，由贵阳市环境监测中心站配合完成试点研究工作。通过试点试验初步形成了水泥行业由原料、工艺、设备、中间与最终产品等 7 项 40 个指标构成的统计报表，火电行业由物耗、设备、工序、产能等 27 个指标构成的统计报表。钢铁行业计划在 2010 年开展试点试验工作。

（3）扩大试点阶段

2010 年，为完善试验阶段的指标体系和统计报表，研究人员选择南京市典型的火电、水泥、钢铁工业企业扩大试点，让企业进行填报，在填报过程中对于指标的可获取性、采集难度等进行评估，修订指标体系与报表，完善指标解释。为吸取国际现行 CO_2 排放统计方法的做法和经验，考虑与国际现行做法接轨，着重分析美国国家环境保护局（Environmental Protection Agency，EPA）、国际能源署（International Energy Agency，IEA）、国际钢协（World Steel Association，WSA）和世界可持续发展工商理事会（World Business Council for Sustainable Development，WBCSD）等国际组织的统计方法。

（4）调整与衔接阶段

2011 年，就"十二五"期间环境统计指标体系中的火电、水泥和钢铁三个重点污染源工业行业的《工业企业污染排放及处理利用情况》报表能否满足国内外主要的 CO_2 统计方法进行评估。在常州市选取若干典型企业进行排放量现场监测，一方面对试点采用的指标体系核算结果进行验证，另一方面对温室气体排放现场采样及实验室监测方法积累认识。研究人员通过扩大试点工作提出了基于《工业企业污染排放及处理利用情况》报表的三个重点污染源工业行业的统计监测指标体系和计算工具。

（5）全国性统计试验阶段

2012 年和 2013 年，就能否依据《工业企业污染排放及处理利用情况》数据库统计出火电、水泥和钢铁三个重点污染源工业行业的全国排放量，设计了环境统计数据审核方法，基于 2011 年和 2012 年上报的行业环境统计数据，计算出了三个行业的各企业、各省市及全国的排放总量与排放强度，并与国内外公开报道的 CO_2 排放数据进行了对比。最终提出了一套基于现有环境统计监测制度、根据重点污染源行业企业填报的《工业企业污染排放及处理利用情况》表格来统计 CO_2 排放量的方法论。2012 年在杭州市对全国各省级环境监测中心站负责环境统计工作的工作人员进行了培训，以期为全面展开 CO_2 排放统计监测进行人力资源准备。

本书是对上述 2008—2013 年研究工作的阶段性总结，针对企业层级 CO_2 排放统计核算工作的层级匹配、国际可比性、统计的可行性、核算的可操作性、结果的精准度等关键问题展开理论研究和实证分析。基本思想是：首先，从统计核算目标与内容、国家管理需求出发，分析企业层级在我国三级统计核算体系中的定位，使该层级的目标与内容与上两级匹配；其次，对发达国家、国际组织的统计核算方法进行比较研究，找出共性与差异性及其对我国的启示，使统计指标和核算方法不失国际可比性；再次，提出边界清晰、结构合理、指标简洁的统计指标体系和基于严密逻辑数据链的核算方程组，与现有企业物料消耗和能源消费的台账记录、"十二五"环境统计报表相衔接；最后，从 2012 年和 2013 年环境统计数据库中抽取企业样本，结合典型企业现场监测，通过实证分析对理论方法进行验证或调整，最终提出统计指标和核算方法。

本书主要内容包括以下 5 个方面：

（1）基于环境统计报表核算与国家清单、地方清单的层级关系。分析企业统计核算与上两级核算在指标体系、数据标准、测算方法、结果运用等方面的逻辑关系，确定该层级的总体框架、指标体系构架、数据标准、计算标准等。

（2）国外统计核算方法对比及启示。对欧盟、美国、日本等主要发达国家与经济体以及 ISO（International Organization for Standardization）、国际能源署（IEA）、国际钢协（WSA）、世界可持续发展工商理事会（WBCSD）、IPCC 等国际组织关于统计核算的制度安排、方法与流程等进行比较，分析对我国的启示，从而保证核算的国际可比性及国情差异性。

（3）基于环境统计报表核算的指标体系、排放量计算和数据质量控制方法。提出边界清晰、结构合理、指标简洁的核算指标体系，包括涉及计算的主体指标项以及反映企业基础信息的辅助指标项；提出能够计算出排放量的方程组；从数据链的逻辑性、计算指标的完整性、关键数据的合理性设计数据质量审核流程，提高统计核算结果的精准度。

（4）基于环境统计报表核算的制度安排。研究统计指标体系的数据可获得性、数据质量和数据缺口，分析现有企业物料消耗和能源消费的台账记录、"十二五"环境统计报表对构建统计指标体系与实现统计核算过程的支撑能力，提出三者相衔接方案，从而保障统计核算的可操作性。

（5）基于环境统计报表核算的实证分析。选择火电、水泥和钢铁三个重点行业，从2012 年和 2013 年全国环境统计数据库中抽样进行理论统计核算，抽取典型企业结合监测部门现场监测，对理论核算展开实证分析，并在地区和国家层级上进行汇总。

全书共分为 8 章。第 1 章：从国家与省级清单编制工作、重点行业排放统计实践和排放监测实践三个方面，对国内重点工业行业 CO_2 排放统计核算进展展开文献研究。第 2 章：

对欧盟、英国、日本、德国、美国、澳大利亚等发达国家或经济体的重点行业 CO_2 排放统计监测实践进行综述研究。第 3 章：从物耗与产品、流程与设备、排放源与影响因素分析重点工业行业的 CO_2 源，设计由主体项和辅助项两部分指标构成的理论统计指标体系供试点使用。第 4 章：基于我国"十二五"环境统计报表制度对重点工业行业企业填报和地区汇总的要求，提取统计 CO_2 排放量的相关指标，分析该报表对国内外相关 CO_2 排放统计核算方法的支撑能力，基于 C 元素迁移平衡构建基于环境统计报表的 CO_2 排放统计指标体系。第 5 章：介绍环境统计报表支撑火电行业 CO_2 排放统计案例。第 6 章：介绍环境统计报表支撑水泥行业 CO_2 排放统计案例。第 7 章：介绍环境统计报表支撑钢铁行业 CO_2 排放统计案例。第 8 章：探讨 CO_2 排放统计核算与监测数据如何服务于环境管理决策工作。参考文献列出了近几年来的国内外相关研究。

　　本书适合从事工业行业 CO_2 排放统计与核算研究的科研人员、环境统计与监测系统的工作人员、对温室气体排放与监管有兴趣的企业、政府官员、NGO 工作者和公众阅读，也可作为相关领域研究生的教辅材料。本书仅代表作者观点，偏颇、不当、失误之处敬请读者指正。

作者

2013 年 12 月

目　录

导　言...1

  1　CO_2 排放与重点污染源工业行业..1

  2　CO_2 减排在环境统计监测工作中的重要性..................................1

  3　CO_2 排放统计监测与环境统计监测部门工作的关系..................2

  4　开展 CO_2 排放统计监测面临的问题..3

  5　CO_2 排放统计核算与监测的国内外形势......................................4

  6　CO_2 排放统计核算工作趋势..4

1　国内重点行业 CO_2 排放统计监测进展......................................6

  1.1　CO_2 排放统计实践..6

  1.2　CO_2 排放统计理论研究..23

  1.3　CO_2 排放监测实践..25

2　国外重点行业 CO_2 排放统计监测实践..................................28

  2.1　美国..28

  2.2　德国..31

  2.3　英国..33

  2.4　日本..39

  2.5　澳大利亚..42

  2.6　欧盟..47

3　重点行业 CO_2 排放示踪指标与基础算法..............................51

  3.1　火电行业 CO_2 排放源..51

  3.2　水泥行业 CO_2 排放源..58

  3.3　钢铁行业 CO_2 排放源..66

  3.4　重点行业 CO_2 排放统计指标选择..73

4　基于环境统计报表制度的 CO_2 排放量统计方法....................83

  4.1　火电行业统计指标体系与核算方法..83

  4.2　水泥行业统计指标体系与核算方法..90

  4.3　钢铁行业统计指标体系与核算方法..97

5   火电行业 CO_2 排放统计案例 113

   5.1   环境统计数据质量审核 113

   5.2   企业层级计算 117

   5.3   汇总层级计算 125

   5.4   计算结果讨论 129

6   水泥行业基于环统报表统计 CO_2 排放案例 132

   6.1   环境统计数据质量审核 132

   6.2   企业层级计算 136

   6.3   汇总层级计算 142

   6.4   计算结果讨论 149

7   钢铁行业基于环统报表计算 CO_2 排放案例 152

   7.1   环境统计数据质量审核 152

   7.2   企业层级计算 153

   7.3   汇总层级计算 166

   7.4   计算结果讨论 167

8   CO_2 排放统计监测数据应用服务 169

   8.1   国内环境管理服务 169

   8.2   国外环境管理服务 170

参考文献 180

后记 188

导　言

1　CO₂ 排放与重点污染源工业行业

GHG（Greenhouse Gas）是指大气中那些吸收并重新放出红外辐射的自然的和人为的气态成分，包括水汽、二氧化碳、甲烷、氧化亚氮等。根据《京都议定书》，需要控制二氧化碳（CO_2）、甲烷（CH_4）、氧化亚氮（N_2O）、氢氟碳化合物（HFCs）、全氟碳化合物（PFCs）和六氟化硫（SF_6）6 种 GHG，其中，CO_2 被广泛认为是产生温室效应并导致全球气候变暖的主要气体。观测数据表明：其体积分数已从工业革命以前的 $280×10^{-6}$ 上升到近年的 $367×10^{-6}$，增加了 25% 以上。

1994 年《中国国家 GHG 清单》报告了 CO_2、CH_4 和 N_2O 三种 GHG 的排放，总排放量为 36.50 亿 t 二氧化碳当量，其中 CO_2、CH_4 和 N_2O 分别占 73.05%、19.73% 和 7.22%。就 CO_2 而言，排放量为 30.73 亿 t，其中能源活动排放 27.95 亿 t，工业生产过程排放 2.78 亿 t。能源活动的 CO_2 排放全部来源于化石燃料燃烧，其中工业部门排放 12.23 亿 t，占 43.75%，能源生产和加工转换部门排放 9.62 亿 t，占 34.40%。工业生产过程的 CO_2 排放主要来源于水泥、石灰、钢铁和电石的生产过程，前三者的比例达到了 98.57%。

2005 年《中国国家 GHG 清单》报告了包括 CO_2、CH_4、N_2O、HFCs、PFCs 和 SF_6 6 种 GHG 的排放，排放总量约为 74.67 亿 t 二氧化碳当量，其中 CO_2、CH_4 和 N_2O 分别占 80.03%、12.49% 和 5.27%。CO_2 排放量所占比例比 1994 年提高了近 7 个百分点。在 2005 年全国 CO_2 排放总量中，能源燃料燃烧的工业 CO_2 排放和工业过程的 CO_2 排放之和占排放总量的 85%。

由此可见，我国 CO_2 排放主要来自重点污染源工业行业，并且这种排放格局在 1994—2005 年一直没有改变，并且比例呈上升趋势。

所以，我国 GHG 减排工作需要首先抓 CO_2 排放，而控制重点污染源工业行业的排放是当务之急。

2　CO₂ 减排在环境统计监测工作中的重要性

当前，GHG 减排已成为全球性事务，国际社会通过《联合国气体变化框架公约》和《京都议定书》规定了发达国家在 GHG 减排中应承担的义务。无论是从我国应承担的国际责任，还是从我国可持续发展的内在要求来看，CO_2 等 GHG 的减排已成为亟待解决的问题。随着"后京都时代"的到来，我国必将成为全球履约中的焦点，所承受的压力也将越来越大。

2009 年 11 月 25 日温家宝总理在其主持召开的国务院常务会议上明确提出,中国政府决定到 2020 年全国单位国内生产总值 CO_2 排放比 2005 年下降 40%~45%,作为约束性指标纳入"十二五"及以后的国民经济和社会发展中长期规划,并制定相应的国内统计、监测、考核办法加以落实。在 2011 年 12 月公布的《"十二五"控制温室气体排放工作方案》(国发[2011]41 号)中明确提出:"大幅度降低单位国内生产总值二氧化碳排放,到 2015 年全国单位国内生产总值二氧化碳排放比 2010 年下降 17%。控制非能源活动二氧化碳排放和甲烷、氧化亚氮、氢氟碳化物、全氟化碳和六氟化硫等温室气体排放取得成效。应对气候变化政策体系、体制机制进一步完善,温室气体排放统计核算体系基本建立,碳排放交易市场逐步形成"。

"十二五"期间 CO_2 排放强度将作为重点内容纳入国家"十二五"科技发展规划与相关技术产业发展规划,单位国内生产总值 CO_2 排放的指标将分配到各地或相关行业,该工作的基础是尽快建立 GHG 排放统计核算体系。国务院已明确提出:建立 GHG 排放基础统计制度,将 GHG 排放基础统计指标纳入政府统计指标体系,建立健全涵盖能源活动、工业生产过程、农业、土地利用变化与林业、废弃物处理等领域,适应 GHG 排放核算的统计体系,特别是重点排放单位要健全 GHG 排放和能源消费的台账记录。在加强 GHG 排放核算工作中,提出研究制定重点行业、企业 GHG 排放核算指南,构建国家、地方、企业三级 GHG 排放基础统计和核算工作体系,建立负责 GHG 排放统计核算的专职工作队伍和基础统计队伍。

由此可见,通过 CO_2 排放量统计来"摸清家底",通过监测工作来跟踪减排目标,是我国应对气候变化的重要手段,且对企业、行业、地方和国家多个层面上的环境统计监测工作有着重大需求。

3　CO_2 排放统计监测与环境统计监测部门工作的关系

早在 1980 年,国务院环资委与国家统计局联合建立了环境保护统计制度,在综合反映环境状况、服务于环境管理和科学决策方面发挥了重要作用。环境统计部门建立的包含二氧化硫、烟尘、粉尘和氮氧化物等废气的污染排放统计体系,为主要废气污染物的总量控制和"减排"提供了翔实的数据支持,为相关环境政策的制定、颁布和实施提供了可靠的统计基础,并为环境大气质量的改善作出了应有的贡献。应国内外 GHG 减排形势所驱,纳入 GHG 是环境统计监测部门加强和完善环境统计监测指标体系的重要内容。

目前,我国多个部门积极部署、展开了一系列工作,虽然各方的工作在导向、层面、目标、内容、方法和着力点上有所不同,但仍存在很大程度的相关性,其中最为基础的工作是 GHG 排放监测统计。环保部门牵头的重点污染源工业行业 GHG 排放统计与监测工作的目标是:基于环境管理在 GHG 排放方面的需求,使环境统计监测工作成为未来环境管理解决 GHG 问题的抓手,着眼于重点污染源工业行业和企业层面。

从统计与监测 GHG 排放的工作基础、统计效率、人力资源、制度保障等方面看,环境统计与监测部门无疑具有突出优势。环境统计与监测部门的污染物日常监测、统计报表覆盖了 GHG 排放源所在的各个行业,对与排放源及排放量相关的设备、原料、工艺等均有填报。由于 GHG 排放是伴生在主要污染物产生的过程之中,可以将与之相关的统计指标纳入主要污染物或行业的环境统计报表，通过补充增加新指标，根据设定的统计核算公式即可计算排放量，从而无需另外制作一套统计报表。

环境统计与监测部门有遍布全国的监测站，日常工作就是负责收集、汇总、审核和管理全国及全球环境质量监测、污染源排放数据与信息。将 GHG 排放统计纳入环境监测站的工作范围，无需另起炉灶建设一套针对 GHG 排放的统计制度，有可靠的制度保障。与 GHG 排放相关的行业均在环保部门的日常监测之下，有统计员与企业环保工作联系人定期沟通，有稳定的机构和充足的人员兼顾完成填报 GHG 排放，有可靠的人力资源基础。

有此夯实的基础和便利条件，环境统计监测部门的工作必须尽快将研究 GHG 排放统计纳入工作实务中，使之成为企业、行业、地方和国家应对气候变化的重要抓手。

4 开展 CO_2 排放统计监测面临的问题

从国内外应对气候变化工作发展形势来看，对 GHG 排放进行监测统计已经成为当前环境管理工作的重要抓手。无论是制定国家方案，还是制定行业部门、地区的排放规划或减排行动，从获取分析排放特征所需的基础数据，再到评价减排管理政策措施的效果，在履行国际公约或承诺和提高自身管理能力中，监测统计自始而终地发挥着重大作用。监测统计方法与工具是获得科学、准确的 GHG 排放统计数据的重要手段，科学、严格并具可操作性的制度设计又是有效开展监测统计的保障，这些方面的国内基础都十分薄弱。

（1）GHG 统计监测制度建设滞后

发达国家经验表明：监测统计制度是应对气候变化不可或缺的重要手段。只有拥有一套完善的、符合国情的、与国际接轨的排放监测统计体系，才能有助于履行已经参加或缔结的多个应对气候变化的国际公约或条约，提高缔约伙伴的信心，在一定程度上增加重大气候变化国际谈判话语权。与发达国家相比，我国 GHG 排放监测统计制度建设尤为滞后，一直以来是科研和实践工作的薄弱环节。长期缺乏执行联合国公约、开展环境外交所需要的大量科学的监测统计数据，对我国在复杂的国际局势中维护国家利益和发展大局造成严重障碍。

当前面临的紧要问题是：国内暂无配套的监测统计制度来保障我国向国际社会承诺的 2020 年 CO_2 减排目标和国务院提出的将 CO_2 排放量作为约束性指标的工作目标。

（2）监测统计方法与工具研发十分薄弱

只有通过一套制度来规定排放计算标准和监测统计操作程序，政府才能精确地估计 GHG 排放量，从而达到监测和报告本国 GHG 排放水平的目的。由于起步晚，我国在 GHG 排放统计监测方法与工具研发方面的基础工作十分薄弱，主要是基于 IPCC 排放系数的宏观核算方法，与欧美发达国家的企业层面的 GHG 排放统计监测能力相距甚远。尽管有研究者已经在火电、水泥、钢铁等重点行业开展了排放因子研究与排放总量的测算，但由于方法论上存在的分歧和统计监测范围的差异，不仅覆盖行业少，而且计算精度不高，不可避免地产生"数字争议"。在国际上也是如此，例如，2010 年国际能源署发布的《CO_2 Emission from Fuel Combustion Highlights 2010》称中国已经成为全球最大的 CO_2 排放国家，此报道数据的可靠性倍受我国的质疑。缺乏一套统一的统计监测方法与工具，不仅制约本国监控 GHG 排放的能力，也无从构建一个自愿的或强制性的 GHG 排放监控平台。

5 CO_2 排放统计核算与监测的国内外形势

目前，多数发达国家均建立了较为完整的 GHG 排放统计与监测方法及其保障制度，为本国减排工作和国际谈判提供了坚实的数据基础。

美国方面，在应对全球气候变化中，联邦最高法院裁定二氧化碳（CO_2）属于大气污染物，EPA 应当监管 CO_2 排放。2009 年，EPA 依据《清洁空气法》（Clean Air Act）所授予的权限起草了《GHG 排放强制报告制度》，为保证 GHG 排放报告的质量，报告单位需要按相关要求对排放进行统计与监测。可以安装并运行规定的在线监测仪器（Continuous Emission Monitoring System，CEMS），在无法获得、安装并运行规定的监测仪器时，获得 EPA 批准后，可采用其他统计与监测方法。

其他发达国家方面，英国通过《GHG 计量和报告指南》保证排放统计核算数据的准确性，同时规定碳排放贸易参与者都必须按照相关条例严格监测和报告企业每年的排放状况，并设有第三方独立认证机构进行核实。德国和欧盟将监测统计与排放许可有机结合，通过对每年气候保护执行情况进行跟踪监督的机制，以确保履行在欧洲和全球范围内的减排承诺。澳大利亚对计算 GHG 的排放、能源生产和消费的方法与标准进行了统一规定。日本规定 GHG 排放量较大单位需要计算排放量，向主管部门及时报告，并有义务向公众公布。

6 CO_2 排放统计核算工作趋势

在由国家、地方、企业构成的我国三级 GHG 排放基础统计和核算工作体系中，企业层级的统计核算工作尚未开展，地方和国家层面立足于清单工作。国内对企业核算的边界、统计指标与核算方法、制度安排、数据质量控制等基础问题的研究仍处于探索阶段，集中在国外做法介绍及对我国的启示、我国企业核算的理论研究两个方面。前者文献报道十分广泛，涉及已实施企业核算的主要发达国家的自愿或强制报告制度；后者文献报道较少，基于物料衡算法或排放系数提出火电、水泥和钢铁行业及一般工业行业核算 CO_2 排放量的一般方法。

国内已有研究基于物料平衡法或排放系数法提出了统计核算企业排放量的方法，以理论核算为主，实证分析缺乏现场排放监测数据支撑，核算过程缺少统计制度安排，与已有的企业台账和国家环境统计指标体系之间缺乏有效衔接，也没有考虑与国家和地方核算层级进行匹配。在实践当中，自 2009 年 11 月国务院提出到 2020 年全国单位国内生产总值 CO_2 排放比 2005 年下降 40%～45% 的约束性目标，2010 年 2 月全国人大常委会确定了逐步建立和完善 GHG 排放的统计监测体系的行动目标，2011 年 12 月国务院发布的《"十二五"控制 GHG 排放工作方案》提出了加快建立我国三级 GHG 排放统计核算体系，2012 年国家发改委正式批准了上海等 7 个省（市）启动碳排放交易试点。然而，当前实践或借用 ISO 和国外的自愿与强制报告方法，或另起炉灶重做一套核算报表，没有与我国现行环境统计报表制度相结合，脱离了"一套表"为核心的工作思路，核算的工作效率、可行性和可操作性并不高。因此，针对现状和存在的问题开展基于环境统计报表的 GHG 排放统计方法研究既是一个科学问题，同时也是国家管理需要解决的一个现实问题。

展开企业层级统计核算已是国际发展趋势和国内形势所迫，环境统计报表是企业级向上可汇总成地方和国家级，通过其能够理顺企业与国家和地方核算的层级关系，才能发挥出环境统计报表对我国 GHG 控制的支撑作用。核算方法应基于国情，兼顾国际做法取得较高的国际可比性，如此才能支撑国际气候谈判和企业排放交易。基于企业物料消耗能源消费的台账记录和"十二五"环境统计报表体系，通过梳理和调整，建立一套完整、规范的统计指标与核算方法，能提高不同层级 GHG 统计核算的工作效率和可操作性。

1 国内重点行业 CO_2 排放统计监测进展

1.1 CO_2 排放统计实践

1.1.1 清单编制工作

根据《联合国气候变化框架公约》要求，所有缔约方应按照 IPCC《国家温室气体（GHG）清单指南》编制各国的 GHG 清单，这是应对气候变化的一项基础性工作，用于识别出 GHG 的主要排放源，了解各部门排放现状，预测未来减缓潜力。我国清单编制工作在国家和省级两个层面展开。

1.1.1.1 国家级清单

（1）火电行业

火电行业估算采用了能源中的固定源燃烧方法，可采用 3 种层级方法。方法 1，根据国家能源统计和缺省排放因子的燃料燃烧。方法 2，根据国家能源统计及特定国家排放因子的燃料燃烧，如果可能，该因子衍自国家燃料特性。方法 3，依据与特定技术排放因子共同使用的燃烧技术的燃料统计和数据，包括模式的使用和可获得的设备及排放数据。

①方法 1：排放估算需要各种燃料源类别、燃料量数据及缺省排放因子，计算公式如下。

$$GHG 排放量 = 燃料消耗 \times 排放因子 \qquad (1\text{-}1)$$

式中：GHG 排放量——按燃料类型给出的 GHG 排放量，kg；

燃料消耗——燃烧的燃料量，TJ；

排放因子（GHG 燃料）——按燃料类型给出的 GHG 缺省排放因子，kg/TJ。

对于 CO_2，假设氧化因子为 1。若按来自源类别的气体计算总排放量，按式 1-2 计算。

$$GHG 的总排放 = \sum 燃料（排放） \qquad (1\text{-}2)$$

②方法 2：在方法 2 下，式中方法 1 缺省排放因子由特定国家排放因子替换，可以通过考虑特定国家数据进行制定，例如，使用的燃料碳含量、碳氧化因子、燃料属性和技术发展状况；排放因子可因时而异，对于固体燃料，应该考虑在灰烬中残留的碳量亦可随时间而变化。

③方法 3：方法 1 和方法 2 要求使用源类别的平均排放因子和各源类别的燃料组合，排放取决于使用的燃料类型、燃烧技术、运作条件、控制技术、维护的质量、用于燃烧燃

料的设备年龄。在方法3中，将燃料燃烧统计分布于不同的可能性，并使用取决于这些差异的排放因子，使这些变量和参数与技术相关，在此技术表示任何设备、燃烧过程或可能影响排放的燃料性能，估算方法见式1-3。

$$各技术的 GHG 排放量 = 燃料消耗（燃料、技术）\times 排放因子 \quad\quad（1-3）$$

式中：排放量（GHG 气体、燃料、技术）——按燃料类型和技术给出的 GHG 排放，kg；

燃料消耗（燃料、技术）——每种技术类型燃烧的燃料量，TJ；

排放因子（GHG 气体、燃料、技术）——按燃料和技术类型给出的 GHG 排放因子，kg/TJ。

当某种技术燃烧的燃料量无法直接了解时，可通过基于源类别的技术参数的模型进行估算。

燃料消耗（燃料、技术）= 燃料消耗（燃料）× 渗透（技术），其中渗透（技术）为给定技术占据的全部源类别的比例，该比例的确定可以依据输出数据，如产生的电能，这可确保各种技术间利用的差异得到适当分配。

（2）水泥行业

水泥生产中的 CO_2 产生于生产熟料。熟料是一种球状中间产品，磨细后与少量硫酸钙[石膏（$CaSO_4 \cdot 2H_2O$）或硬石膏（$CaSO_4$）]加入成水凝水泥。生产熟料时，主要成分为碳酸钙（$CaCO_3$）的石灰石被加热或煅烧成石灰（CaO），同时放出 CO_2 作为其副产品。CaO 与原材料中的二氧化硅（SiO_2）、氧化铝（Al_2O_3）和氧化铁（Fe_2O_3）进行反应产生熟料（主要是水硬硅酸钙）。非 $CaCO_3$ 的碳酸盐的原材料比例通常很小，其他碳酸盐（如果有）主要以杂质的形式存在于初级石灰石原材料之中。在熟料制造过程中需要少量 MgO（通常为 1%～2%）用做熔剂，但是如果含量超过就会影响水泥质量。水泥可以完全由进口熟料制成（磨成），这种情况下水泥生产设施可以考虑为具有零过程相关 CO_2 排放。在制造熟料期间可能会生成水泥窑尘（Cement kiln dust，CKD），排放估算应考虑与 CKD 有关的排放。

①方法 1：通过使用水泥产量数据估算熟料产量。

$$CO_2 排放 = \sum[(M_{c_i} \times C_{cl_i} - Im + Ex] \times EF_{clc} \quad\quad（1-4）$$

式中：CO_2 排放——来自水泥生产的 CO_2 排放，t；

M_{c_i} ——生产的 i 类水泥重量（质量），t；

C_{cl_i} ——i 类水泥的熟料比例，%；

Im——熟料消耗的进口量，t；

Ex——熟料的出口量，t；

EF_{clc} ——特定水泥中熟料的排放因子，tCO_2/t 熟料；缺省熟料排放因子（EF_{clc}）经修正用于 CKD。

②方法 2：熟料生产数据的使用。

$$CO_2 排放 = M_{cl} \times EF_{cl} \times CF_{ckd} \quad\quad（1-5）$$

式中：CO_2 排放——来自水泥生产的 CO_2 排放，t；

M_{cl}——生产的熟料重量（质量），t；

EF_{cl}——熟料的排放因子，tCO_2/t 熟料；

CF_{ckd}——CKD 的排放修正因子。

③方法 3：碳酸盐给料数据的使用。

取得生产熟料时消耗的碳酸盐类型（成分）和数量有关的非集合数据集、所消耗碳酸盐的各个排放因子可采用方法 3，计算过程减去 CKD 内未返回炉窑的任何未煅烧的碳酸盐，若 CKD 完全煅烧或全部返回炉窑，则此 CKD 修正因子为零，不包括未煅烧的 CKD 可能会稍微高估排放。此外，石灰石和页岩（原材料）还可能包含一定比例的有机碳（油原），而其他原材料（例如烟灰）可能包含碳残渣，这些物质会在燃烧时产生额外的 CO_2。

$$CO_2 排放 = \Sigma(EF_i \times M_i \times F_i) - M_d \times C_d \times (1 - F_d) \times EF_d + \Sigma(M_k \times X_k \times EF_k) \quad (1-6)$$

式中：CO_2 排放——来自水泥生产的 CO_2 排放，t；

EF_i——特定碳酸盐 i 的排放因子，tCO_2/t 碳酸盐；

M_i——炉窑中消耗的碳酸盐 i 重量或质量，t；

F_i——碳酸盐 i 中获得的部分煅烧比例，%；

M_d——未回收到炉窑中的 CKD 重量或质量（即"丢失的" CKD），t；

C_d——未回收到炉窑中 CKD 内原始碳酸盐的重量比例，%；

F_d——未回收到炉窑中 CKD 获得的煅烧比例，%；

EF_d——未回收到炉窑中 CKD 内未煅烧碳酸盐的排放因子，tCO_2/t 碳酸盐；

M_k——有机或其他碳类非燃料原材料 k 的重量或质量，t；

X_k——特定非燃料原材料 k 中总的有机物或其他碳的比例，%；

EF_k——油原（或其他碳）类非燃料原材料 k 的排放因子，tCO_2/t 碳酸盐。

（3）钢铁行业

钢铁生产包括冶金焦生产、熔渣生产、芯块生产、铁矿加工、炼铁、炼钢、铸钢、鼓风炉燃烧、焦炉煤气等主要过程，发生在鼓风炉、碱性氧气炼钢炉（Basic oxygen furnace，BOF）或平炉（Open hearth furnace，OHF）。

①冶金焦生产

有 3 种方法估计源自焦炭生产的排放量：

其一：排放量 = 焦炭消耗量 $\times EF_{CO_2}$

排放量——源自焦炭生产的 CO_2 或 CH_4 排放量，t；

焦炭——生产的焦炭量，t；

EF——排放因子，tCO_2/t 焦炭产量或 tCH_4/t 焦炭产量。

其二：源自现场焦炭生产的 CO_2 排放 $=[CC \times C_{CC} + \Sigma(PM_a \times C_a) + BG \times C_{BG} - CO \times C_{CO} - COG \times C_{COG} - \Sigma(COB_b \times C_b)] \times 44/12$

CO_2 排放——在能源部门报告的源自现场焦炭生产的 CO_2 排放量，t；

CC——现场综合钢铁生产设施中焦炭生产所消耗的炼焦煤量，t；

PM_a——其他过程材料 a 的数量，材料 a 的数量是在现场焦炭生产和钢铁生产设施中，用于焦炭和熔渣生产的消耗量，t；

BG——焦炉中消耗的鼓风炉气体量，m^3（或其他单位，如 t 或 GJ）；

CO——钢铁生产设施中现场生产的焦炭数量，t；

COG——焦炉煤气转移离场的量，m^3（或其他单位，如 t 或 GJ）；

COB_b——焦炉副产品 b 的数量，离场转移到其他设施，t；

C_x——投入或产出材料 x 的碳含量，t/（材料 x 的单位），如 t/t；

44/12——CO_2 与 C 的相对分子质量之比。

其三：由于各工厂在技术和加工条件上会有很大差异，需要采用特定工厂数据，如果可从现场和离场焦炭生产工厂中获得实际测量的 CO_2/CH_4 排放数据，那排放总量等于源自每个设施报告的排放量之和。

②钢铁生产

源自钢铁生产的 CO_2 排放有三种计算方法。

其一：基于产量的排放因子，排放量等于缺省排放因子乘以国家产量数据，源自钢铁生产的 CO_2 排放 = BOF × EF_{BOF} + EAF × EF_{EAF} + OHF × EF_{OHF}，源自未加工成钢的生铁生产的 CO_2 排放 = IP × EF_{IP}，源自直接还原铁生产的 CO_2 排放 = DRI × EF_{DRI}，源自熔渣生产的 CO_2 排放 = SI × EF_{SI}，源自芯块生产的 CO_2 排放 = P × EF_P。

式中：ECO_2，非能源——在 IPPU（Industrial Processes and Product Use）部门报告的 CO_2 排放量，t；

BOF——生产的 BOF 粗钢量，t；

EAF——生产的 EAF 粗钢量，t；

OHF——生产的 OHF 粗钢量，t；

IP——未转化成钢的生铁产量，t；

DRI——国家生产的直接还原铁数量，t；

SI——国家生产的熔渣量，t；

P——国家生产的芯块量，t；

EF_x——排放因子，t/t，以生产的 x 计。

其二：若可获得钢铁生产、熔渣生产、芯块生产和直接还原铁生产中过程材料使用的国家数据，可适用源自钢铁生产的 CO_2 排放 = [PC × C_{PC} + $\sum(COB_a × C_a)$ + CI × C_{CI} + L × C_L + D × C_D + CE × C_{CE} + $\sum(O_b × C_b)$ + COG × C_{COG} − S × C_S − IP × C_{IP} − BG × C_{BG}] × 44/12，源自熔渣生产的 CO_2 排放 = [CBR × C_{CBR} + COG × C_{COG} + BG × C_{BG} + $\sum(PM_a × C_a)$ − SOG × C_{SOG}] × 44/12。

式中：PC——在钢铁生产（不包括熔渣生产）中消耗的焦炭数量，t；

COB_a——鼓风炉中消耗的现场焦炉副产品 a 的数量，t；

CI——直接注入鼓风炉中的焦炭数量，t；

L——在钢铁生产中消耗的石灰石数量，t；

D——在钢铁生产中消耗的白云石数量，t；

CE——EAF 中消耗的碳电极数量，t；

O_b——钢铁生产中消耗的其他碳气溶胶和过程材料 b 的数量，t；

COG——钢铁生产中在鼓风炉内消耗的焦炉煤气数量，m^3（或其他单位，如 t 或 GJ）；

S——生产的钢数量，t；

IP——未转化成钢的铁产量，t；

BG——鼓风炉气离场转移的数量，m^3（或其他单位，如 t 或 GJ）；

C_x——投入或产出材料 x 的碳含量，t/（材料 x 的单位），如 t/t。

CBR——熔渣生产所用的购买和现场生产的焦粉数量，t；

COG——熔渣生产中在鼓风炉内消耗的焦炉煤气数量，m^3（或其他单位，如 t 或 GJ）；

BG——熔渣生产中消耗的鼓风炉气体数量，m^3（或其他单位，如 t 或 GJ）；

PM_a——其他过程材料 a 的数量，材料 a 的数量是在综合焦炭生产和钢铁生产设施中焦炭和熔渣生产消耗的量，t；

SOG——熔渣烟气从离场转移到钢铁生产设施或其他设施的量，m^3（或其他单位，如 t 或 GJ）；

C_x——投入或产出材料 x 的碳含量，t/（材料 x 的单位），如 t/t。

其三：由于各工厂在技术和过程条件方面有很大差异，若有从炼铁和炼钢设施中获得实际测量的 CO_2 排放数据，则可以累计以计算国家 CO_2 排放量；如果不能获取特定设施的 CO_2 排放数据，则可以依据单个还原剂、废气和其他过程材料及产品的特定工厂活动数据，来计算 CO_2 排放，国家排放总量等于源自每个设施报告的排放量之和。

1.1.1.2 省级清单

2010 年 9 月，国家发展和改革委员会办公厅正式下发了《关于启动省级 GHG 清单编制工作有关事项的通知》（发改办气候[2010]2350 号），要求各地制定工作计划和编制方案，组织好 GHG 清单编制工作，同时发布了《省级 GHG 清单编制指南（试行）》。陕西、辽宁、天津、浙江、广东、云南、湖北等 7 个省市率先试点。

（1）火电行业

火电行业 CO_2 排放由发电锅炉燃烧电煤产生，估算排放量方法见式 1-7。

$$GHG 排放量 = \sum\sum\sum(EF_{i,j,k} \times Activity_{i,j,k}) \tag{1-7}$$

式中：EF——排放因子，kg/TJ；

Activity——燃料消费量，TJ；

i——燃料类型；

j——部门活动；

k——技术类型。

排放因子可以基于各种燃料品种的低位发热量、含碳量以及主要燃烧设备的碳氧化率确定。各种燃料品种的单位发热量、含碳量和主要燃烧设备的碳氧化率原则上需要通过实际测试获得，以便正确反映当地燃烧设备的技术水平和排放特点，如当地数据无法获得，可采用推荐的化石燃料燃烧 GHG 排放因子或利用 IPCC《国家 GHG 清单指南》推荐的缺省排放因子。

（2）水泥行业

水泥行业的 CO_2 排放来自水泥生产的中间产品——熟料的生产过程，是由水泥生料经高温煅烧发生物理化学变化后形成的。水泥生料由石灰石及其他配料配制而成，主要成分碳酸钙和碳酸镁在煅烧过程中会分解排放出 CO_2，估算排放量方法见式 1-8：

$$E_{CO_2} = AD \times EF \tag{1-8}$$

式中： E_{CO_2} ——水泥生产过程 CO_2 排放量，t；

AD——省级辖区内扣除电石渣生产的熟料产量后的水泥熟料产量，t；

EF——水泥生产过程平均排放因子，tCO_2/t 熟料。

若无本地实测排放因子 EF，则采用 0.538 tCO_2/t 熟料的默认值。

（3）钢铁行业

钢铁生产过程 CO_2 排放主要有两个来源：炼铁熔剂高温分解和炼钢降碳过程。前者是石灰石和白云石等熔剂中的碳酸钙和碳酸镁在高温下发生分解反应，并排放出 CO_2，以及作为燃料的焦炭消耗产生的 CO_2；后者是在高温下用氧化剂把生铁里过多的碳和其他杂质氧化成 CO_2 排放或炉渣除去。估算排放量方法见式 1-9：

$$E_{CO_2} = AD_1 \times DF_1 + AD_d \times EF_d + (AD_r \times F_r - AD_s \times F_s) \times \frac{44}{12} \tag{1-9}$$

式中： E_{CO_2} ——钢铁生产过程 CO_2 排放量，t；

AD_1 ——所在省级辖区内钢铁企业消费的作为溶剂的石灰石的数量，t；

EF_1 ——作为溶剂的石灰石消耗的排放因子，tCO_2/t 石灰石；

AD_d ——所在省级辖区内钢铁企业消费的作为溶剂的白云石的数量，t；

EF_d ——作为溶剂的白云石消耗的排放因子，tCO_2/t 白云石；

AD_r ——所在省级辖区内炼钢用生铁的数量，t；

F_r ——炼钢用生铁的平均含碳率，%；

AD_s ——所在省级辖区内炼钢的钢材产量，t；

F_s ——炼钢的钢材产品的平均含碳率，%；

$\frac{44}{12}$ —— CO_2 与 C 的相对分子质量之比。

钢铁生产中焦炭消耗的 CO_2 排放在能源活动 GHG 清单部分报告。

1.1.2 行业实践

在行业实践中，火电行业采用了中国电力企业联合会开发的《燃煤电厂二氧化碳排放量统计计算方法》（简称"中电联工具"），水泥行业采用了世界水泥可持续发展倡议组织（Cement Sustainability Initiative，CSI）的水泥行业 CO_2 减排议定书工具（简称"CSI 工具"），钢铁行业采用了国际钢铁协会（WSA）的 CO_2 数据采集系统（CO_2 Data Collection System，DCS），也有部分企业采用了国际标准化组织（ISO）的 GHG 核证工具（ISO 14064）。

1.1.2.1 中电联工具

世界资源研究所（World Resource Institute，WRI）与中国电力企业联合会共同研究开发了核算燃煤电厂各发电机组的主要 GHG 排放的工具。该工具的核算范围、核心概念以及计算公式见两个制定单位共同提交的《〈燃煤电厂二氧化碳排放统计计算方法〉研究报告》（2011 年 11 月版）。用户可以根据耗煤量、石灰石耗量等机组、电厂运行参数计算

出各机组的 CO_2 直接排放量。根据外购电量和蒸汽量计算出 CO_2 间接排放量。可估算 CO_2 排放绩效，能实现从机组到厂层面的排放量汇总。对于热电联产，可实现对排放总量在热和电两种产物的合理分配。针对工厂基础数据情况，可选择精度不同的计算方法。

（1）默认参数设置

默认分煤种电力行业基于热量的排放因子采用 IPCC 默认值（《国家清单指南 2006》），对于贫煤默认值采用了 IPCC 中其他烟煤的值。对于电力、热力分省排放因子，电厂可以根据所在省市或电网直接选择用于计算外购电或热的 CO_2 排放的电或热力排放因子。用户只需在"电厂情况"工作表选择省份和年份，工具将自动应用该省当年对应的排放因子，与国家发改委公布的《2009 年中国区域电网基准线排放因子》相比，考虑了非化石能源在发电中的比例，这组排放因子数值普遍偏低。

工具内置的分省、分年度电和热力排放因子是由世界资源研究所根据中国公开数据，即各省的能源平衡表和 IPCC 燃料排放因子等计算而得，考虑了区域电网之间的电力输送，包括除火电以外的其他电力，如水电、核电和风电。含碳量预测方面，依托煤炭工业分析数值合理推导含碳量数据，以便弥补电厂普遍缺失煤炭元素分析而造成含碳量数据短缺的现状，方便电厂进行煤炭固定燃烧 CO_2 排放计算。

（2）主要流程表格

可通过表 1-1～表 1-4，进行统计核算。

表 1-1　电厂基本信息

电厂名称 Plant name	
母公司名称 Parent company	
电厂所在省/自治区/直辖市 Province/autonomous region/municipality the plant is located	请选择
电厂所在市 City the project is located	
电厂详细地址 Detailed address of the plant	
邮编 Zip code	
贵厂是否从邻近外部设施购买蒸汽用于发电？ Does your plant purchase steam from neighboring facility for electricity generation？	请选择
是否有热电联产机组？ Does the plant have CHP units？	请选择
共有几个发电机组？ How many EGUs does the plant have？	请选择
是否用碳酸钙作脱硫剂？ Is $CaCO_3$ used as a scrubbing agent for any of the plant's EGUs？	请选择
报告年度 Year of reporting	请选择
贵厂拥有哪类煤炭质量分析数据？ Please select the type of coal quality analysis data that the plant has.	请选择
贵厂所使用的煤的主要产地？ The coal mine location of the coal used in your plant？	

表 1-2　发电量、供热量、供热比（分机组、每月）

单位 Unit	Month　月份											
	January 一月	February 二月	March 三月	April 四月	May 五月	June 六月	July 七月	August 八月	September 九月	October 十月	November 十一月	December 十二月
机组 1 EGU#1												
机组 2 EGU#2												
机组 3 EGU#3												
机组 4 EGU#4												
机组 5 EGU#5												
机组 6 EGU#6												
机组 7 EGU#7												
机组 8 EGU#8												

表 1-3　机组属性

单位 Unit	年标煤耗量	装机容量	年利用时间	发电量	计算的发电量（装机容量×利用小时数）	厂用电率	上网电量或供电量	是否热电联产	供热量
	吨标准煤	兆瓦，MW	小时，h	吉瓦时/年，GW·h/a	吉瓦时/年，GW·h/a	%	吉瓦时/年，GW·h/a		太焦/年，TJ/a
机组 1 EGU#1				0.00	0		0.00	否 No	0.00
机组 2 EGU#2				0.00	0		0.00	否 No	0.00
机组 3 EGU#3				0.00	0		0.00	否 No	0.00
机组 4 EGU#4				0.00	0		0.00	否 No	0.00
机组 5 EGU#5				0.00	0		0.00	否 No	0.00
机组 6 EGU#6				0.00	0		0.00	否 No	0.00
机组 7 EGU#7				0.00	0		0.00	否 No	0.00
机组 8 EGU#8				0.00	0		0.00	否 No	0.00
合计 total	0	0	0	0	0	—	0	—	0.00

表 1-4 含碳量：由煤炭质量工业分析值预测

Rank of coal（per Chinese classification）煤的等级（按中国标准分类）	Coefficient 系数	Default value 默认值	Plant specific value 电厂特定值
Anthracite 无烟煤	A—固定碳		
	B—挥发分		
	C—低位热值		
	D—灰分		
	Constant 常数		
Lean/meager coal 贫煤	A—固定碳		
	B—挥发分		
	C—低位热值		
	D—灰分		
	Constant 常数		
Bituminous coal 烟煤	A—固定碳		
	B—挥发分		
	C—低位热值		
	D—灰分		
	Constant 常数		
Lignite 褐煤	A—固定碳		
	B—挥发分		
	C—低位热值		
	D—灰分		
	Constant 常数		

表 1-5 排放量汇总

机组 EGU	燃煤（范围一）Coal use（Scope 1）CO₂排放量（t）CO₂ emissions（metric ton）	脱硫（范围一）SO₂ scrubbing（Scope 1）CO₂排放量（t）CO₂ emissions（metric ton）	范围一的CO₂排放量汇总 CO₂ emissions from Scope 1 CO₂排放量（t）CO₂ emissions（metric ton）	外购电力、蒸汽（范围二）Purchased electricity and steam（Scope 2）CO₂排放量（t）CO₂ emissions（metric ton）	范围一和范围二排放量（t）CO₂ Emissions from Scope 1&2（metric ton）
合计（厂级）Total（Plant-level）	0		0	0	—
#1				N/A	N/A
#2				N/A	N/A
#3				N/A	N/A
#4				N/A	N/A
#5				N/A	N/A
#6				N/A	N/A
#7				N/A	N/A
#8				N/A	N/A

表 1-6　绩效指标

机组 EGU	单位发电量 CO_2 排放（克/千瓦时）CO_2 emissions per unit of electricity generated（g/kW·h）	单位供热量 CO_2 排放（克/兆焦）CO_2 emissions per unit of heat supplied（g/MJ）	单位供电量 CO_2 排放（克/千瓦时）CO_2 emissions per unit of electricity supplied to the grid（g/kW·h）
范围一（燃煤和脱硫）Scope 1 only（coal use and SO_2 scrubbing）			
合计（厂级）Total（Plant-level）			
#1			
#2			
#3			
#4			
#5			
#6			
#7			
#8			
范围一＋范围二 Scope 1 and 2			
合计（厂级）Total（Plant-level）			

1.1.2.2　ISO 工具

为促进国际组织、各国与各级政府、企事业单位以及其他利益相关者提供清晰度与一致性较高的 GHG 盘查或计划的量化、监督、报告及确证或查证，国际标准化组织制定了 ISO 14064 系列标准用于 GHG 管理。该标准包括组织层级、计划层级和主张确证与查证等三个层级的 GHG 排放与移除的量化及报告规范，以期望提升 GHG 量化的环境完整性，以提升 GHG 量化、监督及报告的可信度、一致性及透明度，促进 GHG 计划的排放减量与移除增量，增加组织 GHG 管理策略与规划的发展与实施能力，提高 GHG 排放减量与 GHG 移除增量的绩效与进展的追踪能力，增强 GHG 排放减量或移除增量的信用与交易。

（1）主要内容

14064-1 部分，详细阐述组织或公司层级进行 GHG 盘查的设计、发展、管理及报告的原则与要求事项，包括决定 GHG 排放边界、组织的 GHG 排放与移除量化，以及鉴别公司为改善 GHG 管理的特定措施或活动的要求事项。

14064-2 部分，着重于特别设计来减少 GHG 排放或增加移除量的 GHG 计划或以该计划为基础的活动，包括用于决定计划基线情境及基于基线情境的计划绩效监督、量化及报告的原则与要求事项，以及提供能被确认与查证的 GHG 计划的基础。

14064-3 部分详细阐述查证 GHG 盘查、确证或查证 GHG 计划的原则与要求事项，组织或独立团体可采用的确证或查证 GHG 主张。

（2）量化 GHG 排放

ISO 14064 系列标准关于鉴别 GHG 源与 GHG 汇的方法、选择可合理降低不确定性、准确一致、可重复的量化方法，均是采用 IPCC 方法学或世界资源研究所（WRI）与世界可持续发展工商理事会（WBCSD）开发的 GHG 协议工具（Greenhouse gas protocol, corporate accounting and reporting, GHGP）。

在量化 GHG 排放的方法中，WRI 和 WBCSD 开发了众多被广泛采用的 GHG 协议工具，其中，水泥行业推荐采用 WBCSD 的水泥持续发展倡议 CO_2 排放协议（CSI 工具，版本 2.0，见下文 CSI 工具介绍）；火电行业可采用专门针对利用《中国能源统计年鉴 2008》使用的固定源燃烧 GHG 核算工具（WRI，2011，4.1 版）或中国燃煤电厂 GHG 排放计算工具（2012 年 4 月第二稿，见上文中电联火电工具介绍）；钢铁行业可采用 GHG 协议工具中的钢铁排放工具（2007 年，2.0 版，与国际钢协有较高相似性，见下文 DCS 工具介绍）。

1.1.2.3　CSI 工具

世界可持续发展工商理事会（WBCSD）提出了水泥可持续性倡议行动（CSI）的框架。2001 年，参与 CSI 行动的各家公司达成了一个计算和报告 CO_2 排放的协议——《水泥行业二氧化碳减排议定书》，该议定书与 WBCSD 和 WRI 联合制定的《GHG 议定书》紧密结合，共同的基础是 IPCC 发布的《〈国家 GHG 清单〉指南》，并与发达国家 GHG 排放管理方案相适应，可适用于欧洲 GHG 排放交易体系（EU ETS）、美国国家环保局气候引领计划、日本政府 GHG 报告指南草案、澳大利亚温室办公室的温室挑战计划。CSI 开发了"把数据搞准"（Getting the Number Right，GNR）系统，以提供关于全球和区域性熟料及水泥生产中具代表性的 CO_2 排放及能耗统计信息，从而满足内、外部利益相关方的需要。

（1）界定排放源

水泥行业 CO_2 直接排放来自碳酸盐的煅烧以及原料中所含有机碳的燃烧、水泥窑传统化石燃料的燃烧、水泥窑替代化石燃料的燃烧（也称"化石替代燃料"或"化石废料"）、水泥窑生物质燃料的燃烧（包括生物质废弃物）、非水泥窑用燃料的燃烧和废水中所含碳的燃烧等以下排放源，详见表 1-7。

表 1-7　CSI 工具关于直接排放源的界定

排放成分	参数	单位	拟用参数来源
原料中的 CO_2			
熟料煅烧	已生产熟料	t	以工厂级计量
	熟料中的氧化钙、氧化镁	%	以工厂级计量
	生料中的氧化钙、氧化镁	%	以工厂级计量
粉尘的煅烧	水泥窑系统粉尘排放	t	以工厂级计量
	熟料排放因子	tCO_2/t 熟料	如上计算
原料中的有机碳	粉尘分解率	%	以工厂级计量
	熟料	t 熟料	以工厂级计量
	生料与熟料比例	t/t 熟料	默认值 =1.55；可调整
	生料的总有机碳含量	%	默认值 =0.2%；可调整
燃料燃烧产生的 CO_2			
水泥窑传统燃料	燃料消耗	t	以工厂级计量
	低热值	GJ/t 燃料	以工厂级计量
	排放因子	tCO_2/GJ 燃料	IPCC/CSI 默认值或实测值

排放成分	参数	单位	拟用参数来源
水泥窑备选化石燃料（化石替代燃料）	燃料消耗	t	以工厂级计量
	低热值	GJ/t 燃料	以工厂级计量
	排放因子	tCO₂/GJ 燃料	IPCC/CSI 默认值或实测值
水泥窑生物质燃料（生物质替代燃料）	燃料消耗	t	以工厂级计量
	低热值	GJ/t 燃料	以工厂级计量
	排放因子	tCO₂/GJ 燃料	IPCC/CSI 默认值或实测值
非水泥窑用燃料	燃料消耗	t	以工厂级计量
	低热值	GJ/t 燃料	以工厂级计量
	排放因子	tCO₂/GJ 燃料	IPCC/CSI 默认值或实测值
已燃废水	—	—	不要求 CO₂ 的量化

（2）排放量计算

①原料煅烧产生的 CO₂：原料煅烧产生的 CO₂ 与熟料生产有直接关联，由生料在高温煅烧处理过程中产生。此外，水泥窑粉尘和旁路粉尘的煅烧可视为 CO₂ 的相关排放源。在工厂级别上，原料煅烧 CO₂ 基本上可以基于消耗生料的体积和碳酸盐含量、生产的熟料和运离水泥窑系统的粉尘的数量与成分计算。若按已生产熟料的数量和每吨熟料的排放因子计算，排放因子应按照熟料的实测氧化钙和氧化镁含量来确定并更正，如没有更好的数据，可使用 525 kg CO₂/t 熟料的默认值，与 IPCC 默认值 510 kg CO₂/t 相当。旁路粉尘或水泥窑系统水泥窑排放粉尘中的 CO₂ 可根据粉尘的体积和排放因子计算（式 1-10）。

$$EF_{CKD} = \frac{\dfrac{EF_{Cli}}{1+EF_{Cli}} \times d}{1 - \dfrac{EF_{Cli}}{1+EF_{Cli}} \times d} \tag{1-10}$$

式中：EF_{CKD}——部分煅烧水泥窑粉尘的排放因子，t/t；

EF_{Cli}——工厂级熟料排放因子，t CO₂/t 熟料；

d——水泥窑粉尘煅烧速率（作为生料中总碳酸盐 CO₂ 的一部分表述的释放 CO₂，d 应优先基于具体工厂数据，在没有此类数据的情况下，应使用默认值）。在没有粉尘量的具体工厂数据情况下，对丢弃粉尘中的 CO₂ 可使用 IPCC 默认值熟料生产排放量的 2%。

②原料中有机碳产生的 CO₂：除了无机碳酸盐，熟料生产使用的原料通常包含一小部分的有机碳，在生料高温处理过程中大部分转化为 CO₂。CSI 工作小组收集的数据表明，生料中总的有机碳含量的典型数值为大约 0.1%～0.3%（干基），与约 10 kg/t 熟料的 CO₂ 排放量相当，约占原料煅烧与水泥窑燃料燃烧排放量的 1%。估算方法基于默认生料与熟料比 1.55，按默认的生料总的有机碳含量 2 kg/t（干基，相当于 2%），由熟料产量反推。

③水泥窑传统燃料产生的 CO₂：水泥窑传统燃料为化石燃料，包括煤、石油焦、燃油和天然气，首选方式是基于燃料消耗、低热值和相应的 CO₂ 排放因子计算，默认值可取自于 IPCC。在燃料成分有重大改变的条件下，如有可靠数据，鼓励使用工厂或国家级排放因子，基于燃料消耗（以 t 计）和燃料碳含量（以百分比计）的直接排放计算。

④水泥窑替代燃料产生的 CO₂：水泥行业越来越多地使用源自废料的替代燃料，包括

化石燃料的废轮胎、废油和塑料，以及生物质的废木料和污水污泥，可采用排放因子法计算。

（3）主要流程表单

计算流程详见表1-8～表1-10。

表1-8 CSI工具计算过程资料收集清单

	工厂概况		
1	工厂		
2	公司		
3	国家		
4	洲		
5	《京都议定书》所涉区域（附件一或非附件一）		
6	窑炉的类型		
7	集团所持股份		[%]
	范围清单：主要工艺过程的报告范围		
7a	原料供应（采石、开矿、破碎）		[是、否或不适用]
7b	原料、燃料和添加剂的准备		[是、否或不适用]
7c	窑炉的操作（煅烧工艺）		[是、否或不适用]
7d	水泥粉磨及配料		[是、否或不适用]
7e	现场（内部）运输		[是、否或不适用]
7f	由公司的车队在场外进行运输		[是、否或不适用]
7g	现场发电		[是、否或不适用]
7h	室内供暖/制冷		[是、否或不适用]
7i	（视情况添加其他步骤）		[是、否或不适用]
	熟料及水泥生产		
	熟料：		
8	熟料产量		[t/a]
9	熟料采购量		[t/a]
10	熟料销售量		[t/a]
10a	熟料储备变化		[t/a]
11	熟料消耗总量		[t/a]
	用于生产硅酸盐水泥及混合水泥的矿物及混合材（MIC）：		
12	石膏		[t/a，干重]
13	石灰石		[t/a，干重]
14	矿渣		[t/a，干重]
15	粉煤灰（用于配料）		[t/a，干重]
16	火山灰		[t/a，干重]
17	其他成分（如加入水泥磨中的水泥窑粉尘）		[t/a，干重]
18	生产硅酸盐水泥及混合水泥所消耗的矿物质总量（干基）		[t/a，干重]
	作为水泥替代品的矿物外加剂（MIC）（直接加入混凝土中）：		
19a	用于生产纯矿渣水泥的矿物质		[t/a，干重]
19b	粉煤灰和火山灰（直销）		[t/a，干重]
19	用做水泥替代品的纯矿物质的总产量		[t/a，干重]

	总产量：	
20	硅酸盐和混合水泥的总产量	[t/a]
21	水泥及替代品的总产量：硅酸盐水泥、混合水泥、矿渣	[t/a]
21a	水泥制品总量	[t/a]
	粉尘产量（干重）	
22	从窑炉系统分离的旁路粉尘	[t/a，干重]
23	从窑炉系统分离的窑灰	[t/a，干重]
24	熟料窑灰分解率	[%]
	窑炉内燃料消耗量（集料）	
25	窑炉的热消耗总量	[TJ/a]
26	传统矿物燃料	[TJ/a]
27	替代性矿物燃料	[TJ/a]
28	生物燃料	[TJ/a]
	非烧成用燃料消耗	
30	设备及现场车辆	[TJ/a]
31a	室内供暖/制冷	[TJ/a]
31b	原料及矿物质的干燥	[TJ/a]
31c	现场发电	[TJ/a]
32	非烧成用燃料消耗总量	[TJ/a]
	电量消耗	
33a	现场发电量消耗	[MW·h/a]
33b	现场生成每单位电量排放的 CO$_2$	[kg/MW·h]
33c	外部发电消耗量	[MW·h/a]
33d	外部生成每单位电量所排放的 CO$_2$	[kg/MW·h]
33	工厂耗电量总和	[MW·h/a]
	废热处理	
34	将废热供应给外部的消费群	[GJ/a]

表 1-9 排放量统计

	直接排放量	
	来自原料的 CO$_2$ 排放量	
35a	热解排放系数，已针对 CaO 和 MgO 的来源进行修正	[kgCO$_2$/t 熟料]
35b	生料中的有机碳含量比（平均值）	[%，干重]
35c	生料和熟料比	[量纲一，干重]
35d	生料消耗	[t/a，干重]
36	熟料煅烧中产生的 CO$_2$	[t/a]
37	从窑炉系统分离的旁路粉尘经煅烧排放的 CO$_2$	[t/a]
38a	从窑系统分离的水泥窑粉尘经煅烧排放的 CO$_2$	[t/a]
38b	来自生料中有机碳的 CO$_2$	[t/a]
39	来自原料的 CO$_2$ 总量	[t/a]
	来自窑炉燃料的 CO$_2$	
40	来自传统矿物燃料的 CO$_2$	[t/a]
41	来自替代性矿物燃料的 CO$_2$	[t/a]
43	来自以矿物为主要燃料的窑炉燃料的 CO$_2$ 总量	[t/a]

	来自非烧成用燃料的 CO_2		
44	设备及现场车辆产生的 CO_2		[t/a]
45a	室内供暖/制冷产生的 CO_2		[t/a]
45b	原料及矿物质的干燥产生的 CO_2		[t/a]
45c	现场发电产生的 CO_2		[t/a]
46	来自非烧成用燃料的 CO_2 总量		[t/a]
CO_2 直接排放总量			
间接排放量			
48	CO_2 直接排放总量：所有来源		[t/a]
49a	外部发电产生的 CO_2		[t/a]
49b	购入熟料的排放系数		[$kgCO_2$/t 熟料]
49c	熟料净输入（+）/输出（−）产生的 CO_2		[t/a]
49d	CO_2 间接排放总量（主要来源）		[t/a]
50	生物燃料燃烧产生的 CO_2（窑炉和非烧成用）		[t/a]

表 1-10　排放量统计结果说明

CO_2 排放总量（＝直接产生的 CO_2 总量；所有来源）			
59	CO_2 绝对排放总量		[t/a]
59a	煅烧质		[t/a]
59b	燃料		[t/a]
60	每吨熟料 CO_2 单位排放量		[$kgCO_2$/t 熟料]
62	每吨水泥制品		[$kgCO_2$/t 水泥制品]
62a	煅烧质		[$kgCO_2$/t 水泥制品]
62b	燃料		[$kgCO_2$/t 水泥制品]
CO_2 净排放量（＝CO_2 总排放量减去所获得的排放权）			
71	CO_2 净排放量		[t/a]
73	每吨熟料 CO_2 单位排放量		[$kgCO_2$/t 熟料]
74	每吨水泥制品		[$kgCO_2$/t 水泥制品]
77	改善率/每吨水泥制品的 CO_2 净排放量		[%，相对于基准年]
间接来源和生物来源的 CO_2 单位排放量			
82a	外部发电产生的 CO_2 间接排放量		[$kgCO_2$/t 水泥制品]
82b	熟料净输入（+）/输出（−）产生的 CO_2 单位排放量		[$kgCO_2$/t 水泥制品]
83	来自生物燃料的 CO_2 单位排放量（备注项）		[$kgCO_2$/t 水泥制品]
一般性能指标			
91	熟料净销售量占熟料净消耗量的百分比		[%]
92	水泥中熟料/水泥系数		[%]
93	熟料生产的单位热消耗		[MJ/t 熟料]
94	传统矿物燃料所占比率		[%]
95	替代性矿物燃料所占比率		[%]
96	生物燃料所占比率		[%]
97	单位耗电量		[kW·h/t 水泥]

1.1.2.4　DCS 工具

国际钢铁协会（International Iron and Steel Institute，World Steel Association）于 1967 年成立，会员覆盖全世界 170 多家钢铁制造企业、国家或区域钢铁协会、钢铁研究组织。全球最大的 20 家钢铁公司中有 16 家钢铁公司是其会员，其会员的粗钢产量占到全世界的 85% 左右，在全球钢铁行业事务中发挥核心作用，在事关全球钢铁行业发展的主要战略性问题，尤其是在经济、环境和社会可持续发展方面起领导作用。在应对气候变化问题方面，国际钢铁协会致力于提供智能化的钢铁产品以帮助创建一个低碳社会，并降低钢铁业的 GHG 排放。WSA 应对气候变化的工作有四大模块，每个模块都包含全球钢铁行业采取的行动以及对政府政策的影响，包括降低吨钢生产的 CO_2 排放的行动、推广最佳实践方法、突破性减排技术的研究和开发、利用现有及新开发的钢铁产品实现节能。WSA 为让全球范围内的每家钢铁公司都按照通用方法衡量其吨钢 CO_2 排放，设立了一套通用的方法论、定义和排放边界，从全球钢铁范围内的工厂收集生命周期评估清单数据。

WSA 开发了收集 CO_2 排放工具（CO_2 Data Collection System，DCS），该工具采用了排放系数法统计 CO_2 排放量，其中排放系数引用了 IPCC、国际能源署（IEA）和 EPA 的数据，同时也有部分自测数据。CO_2 排放量 = 范围 1 + 范围 2 + 范围 3，其中范围 1 为直接排放、范围 2 为上游能源排放、范围 3 包括其他上游排放量和赊欠，如图 1-1 所示，各个过程的 CO_2 排放量 =（采购 – 外销）× 直接或上游排放因子，涉及的具体计算排放清单见表 1-11～表 1-13。

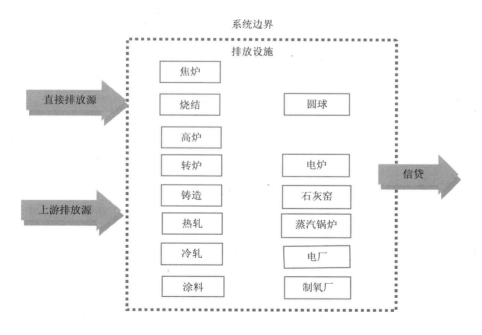

图 1-1　国际钢协统计的 CO_2 排放源

表 1-11　普碳钢厂结构（运行设备数量）

焦炉 （规格，数量）	1 000 m³ 以上高炉 （规格，数量）	平炉（无）	冷轧 （规格，数量）	
烧结厂 （规格，数量）	100～1 000 m³ 的 高炉（规格，数量）	热轧 （规格，数量）	热镀锌 （规格，数量）	
球团厂 （规格，数量）	小于 100 m³ 的高炉 （规格，数量）	石灰窑 （规格，数量）	电镀锌 （规格，数量）	
气基直接还原（无）	转炉 （规格，数量）	制氧厂 （规格，数量）	镀锡 （规格，数量）	
煤基直接还原 （规格，数量）	电炉 （规格，数量）	发电厂 （规格，数量）	熔融还原炉 （规格，数量）	

表 1-12　钢厂概述

焦炭产量/kt	
烧结产量/t	
铁水产量/t	
直接还原铁/t	
转炉粗钢产量/t	
平炉粗钢产量/t	
电炉粗钢产量/t	
普碳粗钢产量/t	
奥氏体不锈钢产量/t	
铁素体不锈钢产量/t	
马氏体不锈钢产量/t	
不锈钢产量/t	
水渣产量/t	
普碳废钢产量/t	
不锈钢废钢采购量/t	
由外部顾问审核过的数据	

表 1-13　CO_2 排放量统计

		分子公司数据				转换因子		范围1直接排放量/t	范围2直接排放量/t	范围3直接排放量/t	总能耗/TJ
	单位	采购	外销	现场测定的含碳量/(tC/unit)	能源转换系数/(GJ/unit)	排放量	上游排放量				
焦煤（干）	t										
高炉喷煤（干）	t										
烧结/转炉用煤（干）	t										
锅炉用煤（干）	t										
电炉用煤（干）	t										
熔融还原/直接还原用煤（干）	t										
焦炭（干）	t										

	单位	分子公司数据				转换因子					总能耗/TJ
		采购	外销	现场测定的含碳量/（tC/unit）	能源转换系数/（GJ/unit）	排放量	上游排放量	范围1直接排放量/t	范围2直接排放量/t	范围3直接排放量/t	
木炭（干）	t										
重油	m³										
轻油	m³										
煤油	m³										
液化气	t										
天然气（标态）	m³										
石灰石（干）	t										
烧制石灰	t										
白云石原料（干）	t										
烧制白云石	t										
球团	t										
电炉用电极	t										
生铁	t										
气基直接还原铁	t										
煤基直接还原铁	t										
镍铁	t										
氧化镍	t										
金属镍	t										
烙铁	t										
氧化钼	t										
钼铁	t										
电	MW·h										
蒸汽	t										
氧气（标态）	m³										
氮气（标态）	m³										
氩气（标态）	m³										
焦炉煤气（标态）	m³										
高炉煤气（标态）	m³										
转炉煤气（标态）	m³										
用于水泥的高炉渣	t										
用于水泥的转炉渣	t										
外用的 CO₂	t										
煤焦油	t										
粗苯	t										

1.2 CO₂ 排放统计理论研究

目前，一些国际组织和发达国家已形成相对成熟的火电、水泥和钢铁行业的 CO₂ 核算体系，如 IPCC、WBCSD、WRI 等已颁布一系列具有普适性的核算方法，美国、欧盟等提出了适合自身的核算体系。我国基于 IPCC 方法对国内核算体系与方法进行了尝试，提出了若干基于碳排放系数体系的基本测算流程，为我国开展重点工业行业碳排放的基础性调查与研究工作提供参考。

1.2.1 火电行业

已有研究均是利用 IPCC 2006 年国家清单编制方法，或引用 IPCC 默认排放因子，或采用自测排放因子，乘以能源消耗量得出排放量。CO_2 排放因子受电厂的燃料类型、燃烧技术、运行条件、维护质量以及燃料燃烧设备的使用年限等影响。燃烧源的排放量计算方法见式 1-11。

$$E_i = \sum \delta_j \times Q_j \times O_j \times D_j \tag{1-11}$$

式中：E_i——第 i 种行业的 CO_2 排放量，t；

　　　δ_j——每吨化石能源转换的热量单位，TJ/t；

　　　Q_j——第 j 种化石能源的碳排放因子，tCO_2/TJ；

　　　O_j——第 j 种化石能源的碳氧化率，%；

　　　D_j——第 j 种能源的消耗量，t；

　　　j——不同的能源品种。

周颖等（2011）利用第一次全国污染源普查中火电企业活动水平数据分析了该行业排放情况，其中能源消耗量及其相应的折标系数采用工厂级数据，碳排放因子和碳氧化率采用 IPCC 推荐的平均水平数据。

夏德建（2010）用全生命周期分析方法建立了我国煤电能源链煤炭生产、开采（或洗选）、电煤运输及燃煤发电 3 个阶段的碳排放计量总模型和各环节的子计量模型，计量思路是：排放量＝单位电量的供电标准煤耗×发电量×标煤 CO_2 排放系数，其中运输环节产生的 CO_2 当量排放系数为 6.96 g CO_2 当量/kW·h，发电环节的碳当量排放系数达到了 15 g/kW·h。

1.2.2 水泥行业

已有研究或是利用 IPCC 2006 年国家清单编制方法，引用 IPCC 默认排放因子，也有采用自测排放因子；或采用物料衡算法合计生产过程排放量，其中部分难以估测的过程采用默认因子。

蒋小谦等（2012）将水泥行业排放分解为能源消费排放和工业过程排放，其中能源消费排放量＝水泥产量×单位产量 CO_2 排放因子，工业过程排放量＝水泥熟料产量×水泥熟料排放因子，水泥熟料排放因子均来自《中国 GHG 清单研究》的 0.528 $kgCO_2$/kg 熟料。

殷素红等（2012）将 CO_2 排放来源分为原料中碳酸盐矿物分解排放、原料中有机碳燃烧排放、水泥生产全过程使用的各种燃料燃烧排放、外购电力消耗间接排放、外购熟料和混合材间接排放等来源，其中：①单位熟料碳酸盐分解的 CO_2 排放量＝（熟料 CaO 含量－非碳酸盐来源的 CaO 含量＋旁路粉尘量×旁路粉尘 CaO 含量＋水泥窑粉尘量×水泥窑粉尘煅烧热解率×水泥窑粉尘 CaO 含量）×44/56＋（熟料 MgO 含量－非碳酸盐来源的 MgO 含量＋旁路粉尘量×旁路粉尘 MgO 含量＋水泥窑粉尘量×水泥窑粉尘煅烧热解率×水泥窑粉尘 MgO 含量）×44/40。CaO 与 MgO 的含量与热解率等值优先采用工厂实测值进行计算。若缺乏实测数据，可取如下缺省值：熟料中 CaO 含量为 65%，MgO 含量为 1.5%，水泥窑粉尘与旁路粉尘中 CaO 含量和 MgO 含量与熟料一致，水泥窑粉尘热解率为 0.5。②原料中有机碳燃烧排放的 CO₂ 量 = 原料中的有机碳含量×44/12。若缺乏实测数据，按生料与熟料之比为 1.55，生料中有机碳含量为 3 kg/t（干基，相当于 0.3%）计算，当使用页岩等原料时，有机碳的含量较高。③燃料燃烧排放的 CO₂ 量 = ∑[（各种燃料的用量×平均低位发热量/标煤热值）×标煤 CO₂ 排放因子]。④单位材料电力消耗的 CO₂ 排放量 = 实测的单位材料耗电量×电力 CO₂ 排放因子。⑤部分水泥企业存在外购熟料和混合材的情况，在此情况下，外购熟料产生的 CO₂ 排放量基于购买的熟料量、熟料 CO₂ 排放因子进行计算。CSI 统计的国际平均值为 853 kg/t 熟料，我国所统计的国内平均水平为 867 kg/t 熟料。

1.2.3　钢铁行业

白皓等（2010）针对一个典型的长流程钢铁企业（包括炼铁、炼钢和轧钢工序），将钢铁厂作为一个平衡系统，并定义碳输入端为流入计算边界内的所有原材料所含的固定碳折合的 CO₂ 排放量，碳输出端为流出计算边界的所有产品所含的固定碳折合的 CO₂ 排放量，计算边界两端的 CO₂ 排放量差值即是钢铁厂最终的 CO₂ 排放量。模型的碳输入端包括能源、熔剂和其他含碳原料，碳输出端包括 CO₂ 排放、产品和副产品，计算公式见式 1-12。

$$CO_2 \text{排放量} = \left(\sum \text{碳输入} - \sum \text{碳输出} \right) \times \frac{44}{12} \tag{1-12}$$

蔡九菊等（2008）将复杂的大型钢铁企业的生产系统分解为相互关联的物质流动和能量流动过程两部分，针对其中的物质流动过程，构造工序物质流图，并建立物质流模型；针对能量流动过程，构造工序能量流图建立能量流模型。在分析钢铁企业 CO₂ 排放影响因素的基础上，建立了吨钢 CO₂ 排放量的计算模型及物质流、能量流对 CO₂ 排放的影响模型，分析了钢铁生产过程中各种物质流、能量流的变化对 CO₂ 排放的影响。

黄志甲等（2010）在对钢铁企业产品生命周期清单研究的基础上，识别钢铁企业 CO₂ 排放的主要影响因素，结果表明转炉流程对于钢铁企业的影响要大于电炉流程，与 CO₂ 排放有重大影响和相关影响的因素有高炉煤气（Blast-furnace gas，BFG）的 CO₂ 排放系数、连铸坯的钢水单耗、热轧的板坯单耗、转炉的铁水比。

1.3　CO₂ 排放监测实践

1.3.1　常用监测方法

国内 CO₂ 气体监测常采用红外光谱法、气相色谱法、奥氏气体分析法、电化学法等，具体方法、原理、优点、适用范围和地点比较见表 1-14。

表 1-14　国内 CO_2 气体监测方法汇总表

序号	方法类别	具体方法	原理	优点	适用范围	使用地点
1	红外光谱法	直接测量法	利用 CO_2 气体对4.26 μm 波长红外光的直接吸收	快速	大气环境本底值和背景值	实验室或在线监测
2		非分散红外法	利用 CO_2 气体对选定红外光的吸收	精密度高、稳定性好、测量范围广	环境空气、污染源	现场、实验室、在线监测
3		红外传感器法	红外吸收型 CO_2 传感器对红外光的吸收	测量范围宽、灵敏度高、响应时间快、选择性好、抗干扰能力强	污染源	现场
4		双光束法	双光束红外光的吸收差	无活动部件、仪器稳定、工作可靠、再现性好	环境空气、医用人体	实验室
5		傅里叶红外法	红外吸收的傅里叶变换	检出限低、测量速度快、同时进行多组分测试	环境空气、应急监测	实验室、现场
6	气相色谱法	直接测量法	色谱柱分离, TCD 检测	灵敏度高、分辨率高、检出限低、同时多组分测试	环境空气、在线监测	实验室、现场
7		间接测量法	将 CO_2 转换成 CH_4, FID、ECD 检测			
8	奥氏气体分析法	奥氏气体分析法	不同吸收液对气体的吸收	价格便宜、操作方便、维护容易	污染源	实验室
9	电化学法	气敏电极法	CO_2 溶于水, 测量溶液的 pH 值	价格低廉、操作简单、测量范围宽	污染源、医用人体	实验室
10	其他方法	滴定法	$Ba(OH)_2$ 沉淀 CO_2 气体, 酸碱滴定或电位滴定	快速、准确、无污染	污染源、医用人体	实验室
11		激光雷达法	气体的拉曼散射效应	快速、简便、无污染	环境空气	现场
12		TOC 法	测量总碳含量	快速、灵敏、准确度好、精密度高、操作简单	环境空气	实验室

1.3.2　固定源 CO_2 监测实践

1.3.2.1　方法设计

（1）监测仪器

采用德图 testo350-Pro 型烟气分析仪，配 CO_2 红外传感器，采样管长度 70 cm，采样管前端有细孔不锈钢滤网，过滤大颗粒物对监测数据的影响。可以同时监测 SO_2、O_2、NO_x、CO、温度和流速。

（2）监测内容和频率

监测内容：排气筒中 CO_2、CO、SO_2、NO_x 浓度及 O_2 含量、温度、流速、流量，同时记录锅炉负荷、耗煤量等参数；频率：CO_2、CO、SO_2、NO_x 浓度及 O_2 含量、温度 5 min 监测 1 次，取平均值，流速 1 h 等时间监测 3 次，取平均值，锅炉负荷、耗煤量取 1 h 平均值。

（3）质量保证

执行标准和规范有《固定污染源监测质量保证与质量控制技术规范（试行）》（HJ/T 373—2007）、《固定污染源废气监测技术规范》（HJ/T 397—2007）、《固定污染源排气中颗粒物测定与气态污染物采样方法》（GB/T 16157—1996）；参照标准和规范有《固定污染源排气中二氧化硫的测定　定电位电解法》（HJ/T 57—2000）、《固定污染源排气中一氧化碳的测定　非分散红外吸收法》（HJ/T 44—1999）、《定电位电解法二氧化硫的测定仪技术条件》（HJ/T 46—1999）。测试前检查取样管路，采样管前端细孔不锈钢滤网通畅，检查系统气密性，防止系统漏气。

使用前用零气（高纯氮）和 9.91%CO_2 对仪器进行标定，仪器长时间不用时每隔 1 个月要对仪器进行定期校准。测试时选择仪器吸力大于烟道负压的管段或正压管段，避免监测结果偏低。第 1 次测量后将仪器取样管抽出，放在环境空气中清洗至零点时，再进行第 2 次测量。

1.3.2.2　监测量与统计量比较

在 8 个水电厂的 CO_2 排放监测量与统计量比较情况见表 1-15，根据监测结果初步认为：

（1）燃烧排放废气中 CO_2 的浓度范围在 4.4%～11.5%，同一排气筒中 CO_2 浓度 5 min 的变化范围为 0～24.7%，因此，红外传感器法能够测量出燃烧废气中 CO_2 的含量，并且能够反映 CO_2 排放浓度的波动。

（2）同一排气筒中 CO_2 浓度和 O_2 含量有一定的关联性，一般情况下 CO_2 浓度升高，O_2 含量降低，CO_2 浓度下降，O_2 含量增加，CO_2 和 O_2 含量浓度之和基本稳定，范围在 19%～21%。

（3）用红外传感器法测量排气筒中 CO_2 浓度，具有测量快速、操作简单、维护方便的特点。

表 1-15　CO_2 排放监测量与统计量比较

案例	实测 CO_2 排放量/（kg/h）	根据燃料含碳量计算的理论排放量/（kg/h）	与实测值的差异/%	根据燃料发热量计算的理论排放量/（kg/h）	与实测值的差异/%
H1	660 520	372 240	−43.64	595 974	−9.77
H2	34 486	17 779	−48.45	27 865	−19.20
H3	31 412	27 060	−13.85	39 240	24.92
H4	63 872	44 165	−30.85	71 637	12.16
H5	240 610	73 151	−69.60	—	—
H6	7 586	13 090	72.55	21 617	184.96
H7	9 176	27 940	204.49	44 329	383.10
H8	101 642	56 467	−44.45	87 307	−14.10

2 国外重点行业 CO$_2$ 排放统计监测实践

欧盟、英国、日本、德国、美国、澳大利亚等发达国家或经济体较早开展了 GHG 排放的统计监测工作，开发出相关的监测方法与监测仪器，并制定一系列制度作为保障，为出台或调整应对气候变化政策措施提供了有力的支撑，为在国际气候谈判中占据话语权提供了数据基础。

2.1 美国

2.1.1 制度基础

2007 年 6 月，联邦最高法院裁定 CO$_2$ 属于大气污染物，EPA 应当监管 CO$_2$ 排放。2008 年，国会依照《综合拨款法案》为 EPA 划拨资金用于起草并公布一项规则，要求其依照《清洁空气法》（Clean Air Act）所授予的权限起草规则，对美国经济各个部门中高于相应阈值的 GHG 排放量进行强制报告。2009 年 10 月，EPA 颁布温室气体强制报告制度（Mandatory Reporting of Greenhouse Gases Rule）。

2.1.2 监测方法

GHG-MRR 对企业 GHG 排放监测、统计和报告作出了详细的规定，主要内容包括以下几个方面。

2.1.2.1 GHG 种类

GHG-MRR 要求对 CO$_2$、甲烷（CH$_4$）、氧化亚氮（N$_2$O）、六氟化硫（SF$_6$）、氢氟碳化合物（Hydrofluorocarbons，HFCs）、全氟碳化合物（Perfluorocarbons，PFCs）以及其他氟化 GHG 的年度排放量进行报告。

2.1.2.2 排放报告门槛

提交的排放数据为所提供产品的燃烧或使用造成的排放，以设备为单元，年度排放量达到 25 000 t 及以上即提交报告。化石燃料和工业 GHG 的供应商可以集中报告。

2.1.2.3 排放源种类

根据美国联邦法规汇编第 40 条中第 98 部分 C 部分-JJ 部分、HH 部分和 LL 部分-PP 部分界定排放来源和设备，包括：

（1）服从"酸雨计划"的电力设施，生产己二酸、铝制品、氨、水泥、氯二氟甲烷，独立于氯二氟甲烷生产设施且每年分解超过 2.14 t 三氯甲烷的三氯甲烷降解工艺、炼油、制碱，生产石灰、硝酸、石油化学产品、磷酸、碳化硅、二氧化钛等，以及每年释放 CH_4 量大于或等于 25 000 t CO_2 当量的城市生活垃圾填埋场，每年释放 CH_4 和 N_2O 大于或等于 25 000 t CO_2 当量的粪便管理系统。

（2）从固定燃烧单元、碳酸盐杂用和以下列出的排放大于或等于 25 000 t CO_2 当量的任何设备，包括铁合金生产、玻璃生产、制氢、钢铁生产、导线生产、制浆和造纸以及锌生产。

（3）不满足（1）和（2）要求的设备，累计最高额定热输入量大于或等于 30 MMBtu/h（百万英制热量单位/时），固定燃烧源中排放大于或等于 25 000 t CO_2 当量的设备。

（4）煤基液态燃料：所有液态煤的生产商以及年进口量或年出口量相当于 25 000 t CO_2 当量的液态煤进口商和出口商。石油产品：从原油中精炼石油者以及年进口量或年出口量相当于 25 000 t CO_2 当量的石油产品进口商和出口商。天然气和液化天然气：天然气分馏塔和所有地方天然气配送公司。工业 GHG：工业 GHG 的生产商以及每年 N_2O、氟化物 GHG 和 CO_2 总的年进口量或年出口量相当于 25 000 t CO_2 当量的工业 GHG 进口商和出口商。CO_2：CO_2 的生产商以及每年 N_2O、氟化物 GHG 和 CO_2 年进口总量或年出口量相当于 25 000 t CO_2 当量的进口商和出口商。

除美国联邦法规汇编第 40 条 98.6 中定义的研究和发展活动无需报告外，共涉及 25 种源、5 类燃料和工业 GHG 供应商以及汽车与引擎供应商，覆盖了美国直接排放 GHG 的下游设施和供应化石燃料与工业 GHG 的上游生产商约 1 万个设施。

2.1.2.4　报告记录起止

记录起始为每年 1 月 1 日，至年末结束，次年 3 月 31 日以前报告上年度 GHG 排放量。对于符合"酸雨计划"的发电机组，在"酸雨计划"的要求下继续提交季度 CO_2 排放，同时按本规则提交年度 GHG 报告。直接向 EPA 提交电子表格，由其确认排放量。

2.1.2.5　停止报告的条件

服从强制性报告制度的排放源必须每年都提交 GHG 报告，若提交的报告显示其 GHG 排放满足以下两个条件之一，则可以申请停止报告，适用于所有服从 GHG-MRR 的设备和供应商：

（1）连续 5 年年 CO_2 排放当量少于 25 000 t；

（2）连续 3 年年 CO_2 排放当量少于 15 000 t。

在停止报告前，需要告知 EPA 停止报告的意愿，解释排放减少的原因。为此，报告者应根据自身的情况，保留连续 5 年或 3 年的满足（1）和（2）的排放数据。若在停止报告后有 1 年 GHG 排放达到了 25 000 t CO_2 当量这一阈值，则必须重新开始年度报告。

排放单位若关闭所有 GHG-MRR 要求报告的 GHG 排放过程和操作，在告知 EPA 后方可停止报告。

2.1.2.6　报告修改

如果报告单位发现或者被 EPA 告知年度排放报告中的错误，报告单位应在 45 d 之内修订其 GHG 报告。

2.1.2.7　排放统计要求

（1）排放量计算方法

报告单位必须按照"计算 GHG 排放"部分给出的计算方法和公式来计算排放量。对于报告期间更改计算方法的报告单位，需要提交书面解释。

（2）直接排放设备

①设备年度非生物质源 CO_2 排放量，以吨 CO_2 当量/年为单位，统计该设备所有源分类的 GHG 排放；

②生物质源 CO_2 的年度排放；

③每一类 GHG 的排放量，包括非生物质源 CO_2、生物质源 CO_2、CH_4、N_2O 以及每一种氟化物 GHG；

④每一种源具体细分到每一个子部分的排放量，包括活动数据（如燃料使用、原料供给），便于统计和核查；

⑤通过硝酸或者合成氨制成的合成肥料的总量，以及肥料中含有的总氮量。

（3）供应商

①供应、进口或出口产品由于燃烧或使用造成的每一种 GHG 年排放量，以及各类 GHG 的总量，以吨 CO_2 当量/年为单位；

②每一种源具体细分到每一个子部分的排放量，包括能够用于统计和核查的活动数据。

（4）同时服从（2）和（3）的要求

在某些情况下，同一种设备同时服从针对直接排放者的要求和针对供应商的要求，报告单位需要对设备和供应商的信息同时进行报告。

2.1.2.8　排放监测要求

为保证 GHG 排放报告的质量，报告单位需要按相关要求对排放进行监测。

（1）安装并运行规定的监测仪器。

（2）在无法获得、安装并运行规定的监测仪器时，获得 EPA 批准后，可采用以下监测方法，包括 4 种方法：

①现行的监测方法，尽管不满足相关章节的规定；

②供应商数据；

③工程计算；

④其他公司数据。

2.1.2.9　提交报告其他注意事项

达到排放门槛的单位在提交报告时，报告内容应当对以下内容有清晰说明：

（1）排放设备名称，供应商名称，所在地址，需包括街道、城市、州和邮政编码。

（2）报告所覆盖的周期长度和提交报告的日期。

（3）业主或经营者的指定代表提供的署名和日期的证明。

（4）EPA 对任何所谓的商业保密信息进行保护，但收集到的排放数据不会被保留作为商业保密信息，需要对公众开放。

2.1.3 常用仪器

福克斯（FOX）热式质量流量计。美国福克斯热式质量流量计的精度指标超过了 EPA 的要求，可帮助提供了一个可靠的、符合成本效益的解决方案，以应对 GHG 排放监测的挑战。福克斯流量计可以通过一个单一管道或导管安装，直接测量质量流动速率，并有排放量管理系统，方便与各种模拟和数字输出信号衔接。

CEMEX 公司 CEMEX200。美国 CEMEX 公司的 CEMEX200（CEMEX 200 Full Extractive Continuous Emissions Monitoring System）用于烟气排放监测，其应用是燃气发电厂和低污染水平排放流，监测气体有二氧化硫、氮氧化物、一氧化碳、四氢大麻酚、氧气、CO_2 和氨。其主要特点是：首先，气体在 CEMEX200 系统中，通过过滤器和采样调节设备传递校准，通过校准整个采样系统可消除大量的错误，并通过参考测量和连续测量进行改进，当监测污染物的水平低于 20×10^{-6} 时，这一点尤为重要。其次是便捷的服务，运用 CEMEX200 采集探头，不用从移动堆栈，所有内部组件即可提供运行服务。可移动的组件包括过滤器、加热器、校准气体管和热电偶。最后是宽工作温度，采集探头利用温度的范围比较宽。

2.2 德国

2.2.1 制度基础

2002 年，德国开始进行 GHG 排放许可证交易，企业需要通过获得 CO_2 排放许可证取得定量的 CO_2 排放权限。在《欧盟指令》框架下，德国 2004 年颁布了《GHG 排放许可证交易法》和《GHG 排放的国家分配法》，2008 年颁布了《〈GHG 排放国家分配法〉实施条例》，2008 年和 2009 年对《GHG 排放许可证交易法》进行了修订，由此建立了德国排放许可证交易的法律框架，包含了 GHG 排放的许可和监管、排放权利和分配、交易和处罚的基本法律规则。

关于 GHG 监测统计制度，《GHG 排放许可证交易法》第 4 条规定：排放 GHG 的活动必须申请许可，责任人确定其活动的排放量，并就此报告。第 5 条规定：许可包括载有负责人姓名和地址的确认信息，对活动产生 GHG 排放的描述，按照确定的监测方法和频率进行监测的义务，查清每年生产活动的排放量，在下一年的 3 月 1 日前向主管机关按要求报告。第 21 条规定：各行政主管机关依照本法律及其行政法规进行监测。

2.2.2 监测方法

德国 GHG 排放统计制度的主要内容包括以下几个方面：

2.2.2.1 GHG 种类

为《京都议定书》规定的 CO_2、CH_4、N_2O、SF_6、HFCs 和 PFCs 6 种主要 GHG。

2.2.2.2 报告对象及门槛

报告对象及其门槛见表 2-1。

表 2-1　GHG 排放报告对象及其门槛

活动类型	报告对象及门槛
能源类	（1）燃烧装置定额为 50 MW 及以上，包括电厂、供热厂、燃气涡轮厂、发动机厂和其他燃烧厂，以及蒸汽锅炉
	（2）使用煤炭、焦炭、石油焦、煤气、煤球、煤球泥炭、泥炭、天然木材、乳化天然沥青、甲醇、乙醇、天然植物油脂、植物油甲酯、天然气、液化石油气、氢气等固体、液体和气体燃料，以及公共热输入，产生电力、蒸汽、热水或其他热过程超过 20 MW 而不到 50 MW
	（3）使用内燃发动机驱动的机器，超过 20 MW 而不到 50 MW
	（4）蒸馏、提炼石油或石油产品加工装置
	（5）生产煤、褐色煤（焦化）干馏
金属生产	（1）熔化或烧结铁矿石装置
	（2）2.5 t/h 及以上熔化能力的生铁或钢冶炼
	（3）综合工程热量输入 20 MW 以上
	（4）热量输入 20 MW 及以上的设施
矿物加工	（1）水泥熟料生产超过 500 t/d
	（2）烧石灰石或白云石装置超过 50 t/d
	（3）玻璃生产超过 20 t/d
	（4）矿物质熔化装置超过 20 t/d
	（5）融化与生产超过 75 t/d 的生产能力
其他	（1）使用木材、稻草或类似纤维材料生产纸浆
	（2）纸张或纸板的生产能力超过 20 t/d
	（3）丙烯和乙烯生产每年 5 万 t 及以上
	（4）生产的碳和额定热在 20 MW 及以上
	（5）燃烧气体 20 MW 及以上

2.2.2.3 排放量统计方法

排放量统计依据欧盟委员会《2003/87/EC 号指令》第 14 条第 1 款，氧化过程中的不完全燃烧因素在确定排放量时忽略不计，按照《GHG 排放许可证交易法》第 5 条的规定确定排放量。

2.2.2.4 报告注意事项

（1）在向主管部门申请排放许可证时，企业需要确定排放量，并就此提出报告，应当提交以下材料：

①企业名称和地址，业主姓名和住址。

②排放设施的位置、性能、数量、用途、使用技术。

③使用的原料和辅助材料清单及消耗量。

④排放源及识别。

（2）在检查所有必要文件的审批要求后，使用主管部门网站上提供的表格在线填写，许可证包括以下信息：

①名称及负责人的地址。

②排放活动描述，并在网站上公布。

③监测要求，监测方法和频率设置。

④报告要求，当企业排放设施发生变更时，业主需要通知主管单位；企业名称和负责人发生变化时，需要到主管单位备案；对于超出预期的排放量，主管当局将全部或局部封闭，进行修正与变更，直至撤销或吊销许可证。

（3）确定排放量

列出所有受核查设施的排放量，核查排污申报，确定过去一年的排放量，测试监测系统的可靠性、可信性和准确性，提供报告数据和资料时特别注意。

①报告的活动水平和相关的测量数据与计算。

②排放因子的选择与应用。

③排放量的计算。

④测量的选择和测量方法的充分性。

需要用有关的数据和信息来验证排放信息是可靠的和可信的，以证明：

①提交的数据是可靠的。

②数据的收集符合科学标准。

③设备相关的信息是完整的和一致的。

④核查人员将进入所有地点对所有信息进行相关的审计工作。

⑤在社区环境管理和审核计划系统中注册。

（4）报告分析

①战略分析：对所有排放活动概况及对其影响进行分析。

②过程分析：需要在工厂进行现场审查，使用抽样调查以确定数据和信息的可靠性。

③风险分析：评估所有排放源数据的可靠性，评估所有来源的排放量，标识高风险的错误及可能导致测定总排放量的误差，特别关注排放因子的选择和计算。

（5）变更事项

改变预定排放活动的，负责人有义务提前一个月向主管机关通知经营模式、经营规模的变化以及设施的关闭等对排放可能产生影响的活动。责任人身份或法律形式发生变化后，新的责任人必须立即通知主管机关，报告义务不变。经主管机关依法颁发许可的企业设备若发生拆迁或者改变，主管机关可以全部或者部分撤销或吊销许可。

2.3　英国

2.3.1　制度基础

根据《气候变化法 2008》（Climate Change Act 2008）要求，英国政府需要在 2009 年 10 月 1 日之前发布《GHG 排放计量指南》，支持 GHG 排放报告要求。英国环境、食品和农村事务部（Department for Environment，Food and Rural Affairs，DEFRA）与能源和气候变化部（Department of Energy and Climate Change，DECC）合作发布英国企业和组织衡量与报告 GHG 排放的指导，由《GHG 计量和报告指南》（Guidance on How to Measure and Report Your Greenhouse gas Emissions）和《小企业 GHG 排放计量和报告指南》（Small Business User Guide：Guidance on How to Measure and Report Your Greenhouse gas Emissions）两个文件组成。《气候变化法 2008》同时要求政府在 2012 年 4 月 6 日之前，依据《公司法 2006》（Companies Act 2006）第 416 条第 4 款的授权，制定强制企业报告 GHG 排放信息的法规。

2.3.2　监测方法

《GHG 计量和报告指南》针对不同规模的企业以及公共和第三部门组织，解释了企业和组织如何衡量和报告其 GHG 排放，以及设定减排目标。该《指南》是政府对《气候变化法 2008》的实施，不要求提交报告或向政府提供数据，目的是帮助其报告排放量，以便于利益相关者知晓。这一《指南》基于《GHG 议定书——企业标准》，被国际企业会计和世界资源研究所、世界可持续发展工商理事会 GHG 排放量报告广泛认可。企业和组织参考 DEFRA 和 DECC 的 GHG 换算系数即可将使用的燃料和电量数据转换成 CO_2 当量。

2.3.2.1　GHG 排放监测统计指导原则

该《指南》旨在支持英国各组织通过测量 GHG 排放量和设定减排目标来为气候变化作出贡献，而这些举措也能为组织本身带来直接利益。按照此方案进行测量和报告的组织不需要向政府提交报告，这类数据不会用于统计排放清单。政府的主要目的是让组织了解自己的减排责任，各组织间没必要比较排放量。该《指南》也会有助于上市公司在商务回顾中报告 GHG 排放。

统计报告 GHG 排放量应当遵循以下原则：

（1）相关性：确保报告的 GHG 排放数据恰当地反映企业的排放量，满足使用者的决策需求；

（2）完整性：测量报告来自所有排放源和活动的排放数据；

（3）连贯性：使用连贯的方法做有价值的比较；

（4）透明性：客观连贯地说明所有相关问题，记录所有假定、计算和使用的方法；

（5）准确性：确保数据不偏离实际。

2.3.2.2　企业需要报告的 GHG 排放活动类型

企业排放 GHG 的事项包括以下 3 类：

（1）第 1 类（直接排放）

企业直接控制的活动对大气的直接排放，包括燃料燃烧、交通工具、过程排放和逃逸性排放。

（2）第 2 类（能量间接排放）

和企业购买的电能、热能等相关的排放。

（3）第 3 类（其他间接排放）

非企业控制的，由企业活动造成的排放，包括购买原料和燃料、运输相关项、废物处理、出售商品和服务。

企业主应当测量本企业所有的 GHG 排放量。与排放 GHG 相关的事项主要包括用电、天然气、废物的处理或回收、商务旅游、拥有或控制的车辆、职工出差、员工通勤，需要收集的数据见表 2-2。

表 2-2　企业与 GHG 排放相关的事项

排放活动	信息源
电力的使用	电费单上的总千瓦时
天然气的使用	天然气费单上的总千瓦时
水供应	水费单上供应的水的总立方米
水处理	水费单上处理的水的总立方米
公司车辆燃油	燃料购买收据上的燃油量，车辆里程
员工客运	员工出差收据
废物处理/再利用	填埋的废物量和回收的废物量

2.3.2.3　GHG 种类

为《京都议定书》规定的 CO_2、CH_4、N_2O、SF_6、HFCs 和 PFCs 6 种主要 GHG。

2.3.2.4　排放量统计和核实

将表 2-2 中数据转化为 CO_2 排放当量有两种方法：一是使用 DECC 的 GHG 转化因子；二是使用在线计算器，输入相关信息即可计算出排放量。不要求必须为本企业的排放数据提供保证，但建议核实，因为这样做能增加利益相关者的信心和数据的准确性。

2.3.2.5　报告的基准年

基准年应该是获得可靠数据最早的年份，可以是一年，或几年的时间段。出现以下情况，要考虑重新统计基准年排放：

（1）严重影响公司基准年排放的结构变化。

（2）严重影响基准年排放数据的统计方法变化。

（3）发现重大错误。

出现以下情况，不用重新统计基准年排放：

（1）经济增长或衰退；

（2）排放活动的外包或内包；

（3）得到或出售基准年没有的运作。

2.3.2.6　排放活动信息统计格式

使用 CO_2 当量报告 GHG 排放总量、购买或出售的减排量、净排放数值，排放数据总结表的报告形式可参见表 2-3，减排活动信息格式表可参见表 2-4。

表 2-3　GHG 排放数据总结表的报告形式

要报告的总排放数据	信息格式
范围 1 的年度全球 GHG 排放总量	CO_2 当量/t
范围 2 的年度全球 GHG 排放总量	CO_2 当量/t
任意的：范围 3 的年度全球 GHG 排放总量	CO_2 当量/t
年度全球 GHG 排放总量	被报告的所有范围的 CO_2 当量/t
与上年做比较的排放数据	被报告的所有范围的 CO_2 当量/t
基准年数据	被报告的所有范围的 CO_2 当量/t
结合范围 1 和范围 2 的全球排放总量的强度测量	与全球排放总量分开报告

表 2-4　减排活动信息格式表

净排放数据	信息格式
与购买或出售的与减排相关的总 CO_2 排放量	细化为具体的 GHG 减排项目
全球 GHG 净排放	和全球总排放分开报告

2.3.2.7　报告内容和格式

报告涵盖了英国所有企业，没有规模限制，不指定报告的最低水平，针对全球排放（涵盖企业在国内和国外的排放），建议所有组织按表 2-5 和表 2-6 形式公布 GHG 排放量，同时列出表 2-7 中的解释项。

表 2-5　建议的企业公布 GHG 排放量的格式

序号					基准年 2006	
	2010		2009			
	国内	全球	国内	全球	国内	全球
第 1 类						
第 2 类						
第 3 类						
总排放量						
碳抵消						
绿色关税						
年底净排放量						
强度测量：CO_2 当量比输出量						

2010 年 1 月 1 日至 2010 年 12 月 31 日期间的 GHG 排放数据（CO_2 当量/t）

表 2-6　未统计的排放量情况

序号	2010 年 GHG 排放量/t（以 CO_2 计）	未统计排放量及所占比例
第 1 类		
燃气消耗		
自有交通工具		
过程排放量		
无组织排放量		

序号	2010 年 GHG 排放量/t（以 CO_2 计）	未统计排放量及所占比例
第 1 类总量		
第 2 类		
购买的电力		
第 2 类总量		
重要的第 3 类		
商务旅行		
员工上下班		
废物处理		
正使用的产品		
重要的第 3 类总量		

表 2-7　排放活动解释项

序号	解释内容	说明部分
1	公司概况	公司信息
2	说明涵盖的报告期间	报告期间
3	说明与去年相比排放发生重大变化的原因	排放变化
4	说明测量和报告方法	测量和报告方法
5	说明确定调查操作的方法	企业界限
6	说明包括的范围，列出每个范围包括的具体事项	操作范围
7	提供范围 1 和范围 2 之外的排放的详细信息	操作范围
8	提供范围 1 和范围 2 之外的简要解释	操作范围
9	说明计算方法，具体到每项数据	操作范围
10	说明使用的转化工具/排放因子	操作范围
11	提供来自国家的 GHG 排放统计分析	地理统计分析
12	提供国家之外的排放信息	地理统计分析
13	说明选择的基准年及方法	基准年
14	说明基准年统计政策	基准年
15	说明引起基准年统计的重要排放变化的合理情况	基准年
16	说明目标，包括涵盖的范围和目标完成日期，提供简要的过程介绍	目标
17	说明目标完成负责人姓名及其职位	目标
18	说明强度测量	强度测量
19	说明引起强度测量变化的原因	强度测量
20	提供外部保证及复印件	外部保证
21	为购买的碳信用额说明 CO_2 年减排量	碳补偿
22	说明碳信用的类型	碳补偿
23	为购买的绿色关税说明 CO_2 年减排量	绿色关税
24	说明提供者和关税名称	绿色关税
25	说明和关税相关的额外的碳储蓄	绿色关税
26	说明所拥有或控制的发电数量	发电
27	说明可持续的发电数量	发电
28	说明接收的动力数量	发电
29	说明所拥有或控制的热能数量	发热

2.3.2.8　设定减排目标

根据排放量计算结果，企业可根据政府关于 GHG 排放统计报告指导方案设定一个减排目标，与同期的排放量进行比较。企业通过设定减排目标可以提高效率、显示领导权、提高品牌在市场中的认知度。目标可以分为绝对目标（将目标年份的排放量和基准年的进行比较）和强度目标（基于 GHG 排放强度的下降），二者优缺点见表 2-8。

在设定减排目标时，需要考虑的因素有：覆盖整个企业，包括所有需要统计和报告的排放，建立在最近的基准年数据基础上，可在 5～10 年内实现。减排目标制定过程可以按以下 4 个步骤进行。

步骤 1：减少自己的 GHG 排放量。

步骤 2：决定是否购买外部减排。

步骤 3：核定外部减排项目的质量。

步骤 4：报告外部减排来提高透明度。

表 2-8　企业减排绝对目标和强度目标优、缺点

绝对目标	
优点	缺点
以具体的数量体现 GHG 减排	需要统计目标基准年，增加了追踪难度
环保性很强	不能做 GHG 强度和效率的比较
明确告诉潜在股东要控制绝对排放量	难以实现
强度目标	
优点	缺点
反映 GHG 减排进展	不能保证 GHG 排放量会减少
不需要重新统计基准年数据	多业务的公司难以确定通用的基准
可能提高与其他公司的可比性	若使用了货币变量，需要重新统计数据

2.3.2.9　监测和排放量地理分析

企业应当长期监测排放，每月或每季度汇报排放量，将整体减排目标分散到各部门、地方，形成具体减排目标。定期报告排放信息，公布信息前需要明确读者、发布形式和汇报方式，可按表 2-9 提供的格式进行排放量的地理统计分析。

表 2-9　企业排放量地理统计分析

地理统计分析			
2010	CO_2 当量/t		
	第 1 类	第 2 类	第 3 类
全球总量			
国家 1			
国家 2			
...			
...			

2.3.3 采用仪器

环境和排放监测系统（Environment and Emission Monitoring System，EEMS）。EEMS 由英国能源和气候变化（DECC）部开发，旨在帮助石油行业在履行《京都议定书》规定的义务中管理和监测 GHG。EEMS 是由 Collabro 代表 DECC 管理，系统是由 Fivium 维护和支持。EEMS 是一个托管解决方案，不安装任何设备或软件，用户通过互联网访问和使用该服务的公司。系统可从石油公司直接读取 GHG 测量、计算和报告数据，包括英国所有的石油公司，如埃克森美孚、壳牌和英国石油公司。为方便排放信息的透明、公开，EEMS 允许公众查看运营商测量与计算排放数据。

ETSP 公司设备及服务。英国 ETSP 公司提供 CO₂ 排放监测设备以及与之相关的环境服务，主要设备有无样品系统、单组分分析仪（CO₂）和 LD500 激光二极管气体分析仪（CO₂、甲烷），已通过美国 EPA 认证，可应用在水泥、火电、玻璃、金属制品、石油和天然气等行业。

MONITORTECH 设备及服务。MONITORTECH 是英国连续排放监测系统（CEMS）设备供应商和环境合同服务商，可按 EPA《强制性 GHG 报告》40 CFR 部分 98 的要求供应监测设备和报告写作服务。

HITECH 公司产品。英国海泰（HItech）仪器公司是集气体分析仪设计、制造和销售为一体的设备及服务供应商，该公司的 IR600 能够监测 CO₂ 排放。

2.4 日本

2.4.1 制度基础

1980 年，日本政府颁布《合理利用能源法》，要求能源利用企业定期报告能源活动水平数据。1998 年，日本颁布《地球温室效应对应法》，对国家、地方公共单位、企业以及国民在日本应对气候变化事业中的责任予以规定，出台了应对温室效应的基本方针。2005年，随着《京都议定书》生效，日本对《合理利用能源法》和《地球温室效应对应法》进行修订，规定企业自行计算 GHG 排放量，要求能源利用企业定期报告能源消耗中产生的 CO₂ 排放量，特别规定了 GHG 排放量较大单位需要依据《GHG 计算·报告·公布制度》计算、报告和公开其排放量。

2.4.2 统计监测方法

《GHG 计算·报告·公布制度》对企业自行计算 GHG 排放量及其报告与公开做了规定，主要内容包括以下方面。

2.4.2.1 GHG 种类

为《京都议定书》规定的 CO_2、CH_4、N_2O、SF_6、HFCs 和 PFCs 6 种主要 GHG。

2.4.2.2 排放源种类

需要报告的活动分类详见表 2-10。

表 2-10 GHG 排放源分类

活动领域	活动的种类	GHG 种类
能源消耗	燃料燃烧	CO_2
	运输企业能源消耗	CO_2
	货主能源消耗	CO_2
	燃料燃烧设备等的能源消耗	CH_4, N_2O
	电炉（制铁、制钢、制合金、制碳化钙）电能的消耗	CH_4
	外部供电消耗	CO_2
	外部供热消耗	CO_2
逃逸排放	煤炭开采	CH_4
	原油以及天然气的勘探	CO_2, CH_4
	原油以及天然气特性试验	CO_2, CH_4, N_2O
	原油以及天然气的开采	CO_2, CH_4, N_2O
	原油精炼	CH_4
	城市用气的生产	CH_4
工业生产过程	水泥生产	CO_2
	生石灰生产	CO_2
	钠钙硅酸盐玻璃以及钢铁制造	CO_2
	碳酸钠的制造	CO_2
	碳酸钠的使用	CO_2
	氨的制造	CO_2
	碳化硅的制造	CO_2
	碳化钙的制造	CO_2
	乙烯的制造	CO_2
	利用乙烯制造乙炔	CO_2
	电炉炼原钢	CO_2
	干冰的使用	CO_2
	喷雾器的使用	CO_2
	化学品的制造（炭黑、己二酸）	CH_4, N_2O
	麻醉剂的使用	N_2O
农业	家畜的饲养（消化道内发酵作用）	CH_4
	家畜排泄物的管理	CH_4, N_2O
	水稻种植	CH_4
	肥料的使用	N_2O
	农作物残渣作为肥料使用	N_2O
	农业废弃物的焚烧处理	CH_4, N_2O
废弃物	废弃物填埋处理	CH_4
	工业废水的处理	CH_4, N_2O
	下水道废水、排泄物的处理	CH_4, N_2O
	废弃物的焚烧，废弃物的回收再生，废弃物作为燃料使用	CO_2, CH_4, N_2O

活动领域	活动的种类	GHG 种类
HFC，PFC，SF₆	铝的制造	PFC
	镁合金的铸造	SF₆
	HCFC-22 的制造	HFC
	HFC 的制造	HFC
	PFC 的制造	PFC
	SF₆ 的制造	SF₆
	家庭电器中 HFC 的使用	HFC
	商业用冷气机等 HFC 的使用	HFC
	商业用冷气机等维修时 HFC 的回收及使用	HFC
	商业用冷气机等废弃时 HFC 的回收	HFC
	塑料生产中 HFC 作为发泡剂使用	HFC
	喷雾器以及灭火器制造时 HFC 的使用	HFC
	喷雾器的使用	HFC
	变压器等电力器械的制造及开始使用时 SF₆ 的使用	SF₆
	变压器等电力器械的使用	SF₆
	变压器等电力器械点检时 SF₆ 的回收	SF₆
	变压器等电力器械废弃时 SF₆ 的回收	SF₆
	半导体元件加工时干腐蚀时的使用	HFC，PFC，SF₆
	溶剂的使用	HFC，PFC

2.4.2.3 排放报告对象与门槛

在生产中产生大量 GHG 的单位以及特定排放者（包括国家及地方公共团体）每年必须向该企业主管部门的负责大臣报告本单位的 GHG 排放量等情况，涉及《合理利用能源法》中的规定的特定货物运输业主、特定货主、特定客运企业以及特定航空运输业企业。报告门槛为：第一类能源管理工厂，年能源消耗量在原油 3 000 kt 以上；第二类能源管理工厂，年能源消耗量在原油 1 500 kt 以上。详细门槛见表 2-11。

表 2-11 GHG 排放报告门槛

GHG 种类	对象企业	企业报告义务门槛
能源消耗导致的 CO₂ 排放（燃料燃烧、外部电力供应以及供热时产生的 CO₂）	第一类能源管理指定工厂企业	原油消耗量 3 000 kt 以上
	第二类能源管理指定工厂企业	原油消耗量 1 500 kt 以上
	特定货运企业	铁道运送车辆 300 辆，公路运输车辆 200 辆，公路运输车辆以外的车辆 200 辆，国内水运船舶 20 kt
	特定货主	年输送量 3 000 万 t 以上
	特定客运企业	铁道客运车辆 300 辆，大型客运车辆 200 辆，大型客运车辆以外的车辆 200 辆，国内水运船舶 20 kt
	特定航空运输业企业	年输送量 9 000 t 以上

GHG 种类	对象企业	企业报告义务门槛
非能源消耗导致的 CO_2 排放（1 以外的 CO_2） CH_4 N_2O HFC PFC SF_6	同时满足以下条件的企业： （1）有产生各类 GHG 的业务活动，并在活动中该类 GHG 总排放量换算为 CO_2 当量在 3 000 t 以上； （2）企业正常雇用员工在 21 人以上	排放量 3 000 t CO_2 当量，雇用员工 21 人

2.4.2.4 报告提交注意事项

（1）每年的 4 月 1 日至 6 月 30 日提交上一财政年度的排放量，电子或书面均可。

（2）提交给本单位的主管部门，由主管部门负责人向环境大臣和经济产业大臣报告。

（3）满足《合理利用能源法》和《地球温室效应对应法》提交的注意事项，按照《合理利用能源法》进行的能源消耗产生的 CO_2 排放量报告可直接提交，其他 GHG 排放的报告按《地球温室效应对应法》的要求进行。仅报告能源消耗产生的 CO_2 排放时按《合理利用能源法》的要求进行，仅报告能源消耗产生的 CO_2 以外 GHG 排放时按《地球温室效应对应法》的要求进行，能源消耗产生的 CO_2 及此外的 GHG 都需要报告时，在《合理利用能源法》的定期报告书内增加《地球温室效应对应法》要求的排放报告。

（4）需提交的基本信息

报告企业单位的名称、产生排放的设施名称和地址、企业雇用员工数、排放设施的经营活动所属行业、联络人员信息、设置的能源管理指定工厂类型（根据《合理利用能源法》要求属第一类或第二类）、排放的 GHG 种类（6 类气体）以及该设施各类 GHG 的总排放量（CO_2 当量）。企业采用《温室效应对应法》中规定以外的排放系数，需要提供具体的计算方法。

（5）在总排放量统计报告时，任何人都可以要求相关报告事项的公开，但需要适当保护特定排放者的权利。特定排放单位可增加排放量报告的内容，如报告的 GHG 排放量的增减情况等，以此促进对报告的理解，同时交由环境大臣及经济产业大臣在电子文档中记录并公布。

2.5 澳大利亚

2.5.1 制度基础

2007 年 9 月，澳大利亚联邦政府通过了《国家 GHG 与能源报告法案 2007》（National Greenhouse and Energy Reporting Act 2007，简称《NGER 法案 2007》），同时相继制定了相应的配套法规，由此构成了澳大利亚 GHG 与能源报告体系。2009 年 3 月和 6 月，分别制定了《国家 GHG 与能源报告条例 2008》（National Greenhouse and Energy Reporting Regulation 2008，简称《NGER 条例 2008》）和《国家 GHG 与能源报告（方法）决定 2008》（National Greenhouse and Energy Reporting（Measurement）Determination 2008，简称

《NGER 决定 2008》)。《NGER 条例 2008》和《NGER 决定 2008》是《NGER 法案 2007》的补充和进一步阐述。《NGER 条例 2008》对《NGER 法案 2007》中提到的一些概念、相关程序和要求进一步补充说明。《NGER 决定 2008》则对《NGER 法案 2007》中未予以展开的 GHG 排放估算方法、能源生产和能源消费的统计方法等内容做详细的规定。《NGER 决定 2008》)提供了计算 GHG 的排放、能源生产和消费的方法与标准，涵盖了 NGER 法案下要求报告的所有能源数据和排放源，包括能源燃料燃烧、油气开采逃逸排放、工业过程排放和废物处理排放。针对《NGER 法案 2007》中的相关内容，出台了《外部审计立法工具》等相应的专门法律法规，进一步完善澳大利亚国家 GHG 与能源报告体系。

2.5.2　统计监测方法

对 GHG 排放监测、统计和报告作出了详细的规定，主要内容包括以下几个方面。

2.5.2.1　GHG 种类

为《京都议定书》规定的 CO_2、CH_4、N_2O、SF_6、HFCs 和 PFCs 6 种主要 GHG。

2.5.2.2　报告对象

满足报告门槛的企业和设施需要在 GHG 和能源数据办公室注册，并提交 GHG 排放和能源数据。

（1）公司的界定

公司是负有报告责任的控股公司及公司集团的子公司和非公司实体。控股公司是指符合宪法规定的宪法公司，没有在澳大利亚注册的控股公司，在联邦允许下成立的外企、贸易或金融公司。

非公司实体，包括合伙企业、基金、政府与非政府组织，若对排放设施有业务控制权则需要报告。

对于集团公司的成员，包括子公司、合资企业和合作伙伴，若对排放活动有独立的控制则需要报告。

（2）设施

设施是指涉及 GHG 排放、能源生产或消费的一项活动或一系列活动（包括辅助活动）。

2.5.2.3　排放源种类

GHG 排放源可分为领域 1 和领域 2 两个部分。

（1）领域 1 排放是设施活动的直接排放，包括燃料燃烧、燃料逸散排放、工业过程排放和废弃物排放等 4 个类别。各类别又可以分成若干个子类别，详见表 2-12。其中，燃料逃逸性排放主要是化石燃料开采、生产、加工和输配过程中的排放；工业过程排放主要是硝酸盐使用，将燃料用做给料或是碳还原剂与特殊情况下的合成气体排放；废弃物排放主要是垃圾填埋或废水处理设施中的有机物腐烂排放。

（2）领域 2 排放是指设施消耗的电、热、冷和蒸汽。

表 2-12　领域 1 排放源类别

代码	排放源类别	排放源
1	燃料燃烧	
1A		燃料燃烧
2	逸散排放	
2A		地下开采
2B		露天开采
2C		矿后活动
2D		油气开采
2E		原油生产
2F		原油运输
2G		炼油
2H		天然气生产或处理
2I		天然气运输
2J		天然气配送
2K		天然气生产或处理——空燃
2L		天然气生产或处理——排放
2M		碳捕获与封存
3	工业过程	
3A		水泥生产
3B		石灰生产
3C		除水泥、石灰和纯碱生产之外的碳酸盐利用
3D		纯碱使用
3E		纯碱生产
3F		氨生产
3G		硝酸生产
3H		己二酸生产
3I		碳化物生产
3J		化学物品生产
3K		钢铁生产
3 L		铁合金生产
3M		铝生产
3N		其他金属生产
3O		HFCs 和 SF_6 排放
4	废弃物排放	
4A		陆地固体废气物处理
4B		工业废水处理
4C		家庭或商业废水处理
4D		废物焚烧

2.5.2.4　报告门槛

（1）控股公司集团

对于控股公司集团而言，如果其设备运行排放的 CO_2 当量达到以下要求即需要提交报告。

①GHG 排放

（a）如果财政年度开始时间为 2008 年 7 月 1 日，企业排放的 GHG 排放总量为 125 000 t 及以上的 CO_2 当量；

（b）如果财政年度开始时间为 2009 年 7 月 1 日，GHG 排放总量达到 87 500 t 及以上 CO_2 当量；

（c）如果财政年度开始较晚，GHG 排放总量达到 50 000 t 或以上的 CO_2 当量。

②能源生产

（a）如果财政年度开始时间为 2008 年 7 月 1 日，达到 500 TJ（1 TJ=10^{12} J）或以上；

（b）如果财政年度开始时间为 2009 年 7 月 1 日，达到 350 TJ 或以上；

（c）如果财政年度开始较晚，达到 200 TJ 或以上。

③能源消费

（a）如果财政年度开始时间为 2008 年 7 月 1 日，达到 500 TJ 或以上；

（b）如果财政年度开始时间为 2009 年 7 月 1 日，达到 350 TJ 或以上；

（c）如果财政年度开始较晚，达到 200 TJ 或以上。

④设施的运行产生

（a）25 000 t 或以上的 CO_2 当量的 GHG 排放；

（b）100 TJ 或以上的能源生产；

（c）100 TJ 或以上的能源消费。

（2）控股公司集团的成员

对其控制的设施满足④（a）～（c）条款的，根据"GHG 排放的 CO_2 当量或生产/消费的能源的总量 × 活动天数/当年总天数"计算。

2.5.2.5 排放量统计方法

可选用以下 4 种方法之一统计 GHG 排放量，对于特定源排放，连续 4 年的报告期必须使用同一方法，只有特例情况下方可换方法：

（1）方法 1（默认方法），根据《国家 GHG 账户方法》，基于国家平均水平进行估算；

（2）方法 2，基于设施的特有方法，运用行业抽样惯例和澳大利亚标准或同等标准进行分析，其中燃料热值和氧化率采用澳大利亚行业缺省值；

（3）方法 3，运用澳大利亚标准或同等标准进行抽样和分析，但燃料热值和氧化率采用企业检测值；

（4）方法 4，通过连续或定期排放监测对设施的排放具体统计。

若采用方法 1，报告需涵盖其报告年度内排放的所有 GHG 的总量；若采用方法 2、方法 3 或方法 4，报告除需包括所有 GHG 排放总量外，还需包括消耗的能源总量和能源含碳系数。

排放量的计算过程需存档并可核查，排放量估算结果必须与运用同样方法的类似单位的估算结果具有可比性，与《国家 GHG 账户》公布的估算结果一致。排放估算的不确定性必须最小化，估算结果最好达到真值的 95%；必须包括《国家清单报告》已识别的能源、工业过程和废弃物部门的排放源。

2.5.2.6　其他注意事项

报告必须包括由排放源造成 GHG 排放的相关信息，需对以下内容进行说明：

（1）估算排放量采用的《NGER 决定 2008》中的标准和方法；

（2）排放源、可选择的报告方法和要求报告的事项；

（3）各种 GHG 的排放总量；

（4）碳捕获和碳封存：需要说明非封闭存储 CO_2 量、已捕获的 CO_2 量、运达封存地的 CO_2 量、被注入存储地封存的 CO_2 量、封闭存储的 CO_2 量，同时说明在 CO_2 被输送到存储地的过程中产生的 GHG 排放、在 CO_2 被注入存储地封程中产生的 GHG 排放、在存储地的 GHG 排放；

（5）使用商用空调形成的排放源，若公司的某项设施在报告年度运营过程中，其 GHG 的产生是由下列原因任意一项造成：在使用商用空调、商用制冷设施、工业用制冷设备、气体绝缘全封闭式组合电器和断路器过程中，满足《NGER 决定 2008》中关于使用该类设备产生 GHG 排放相关标准，需要提交其造成的 GHG 排放的相关信息；

（6）公司注册信息，包括商业号、总部地址、公司总部通讯地址、公司首席执行官或同等级别的相关负责人信息（名字、电话号码、电子邮箱及通讯地址）、公司一个联系人信息（名字、职位、电话号码、电子邮箱和通讯地址）和确认该设施控制的声明；

（7）排放设施信息，包括地址、对于非交通设施的经纬度、所属行业、交通设施所属的州或地区和确认该设施控制的声明。

2.5.3　采用仪器

澳大利亚鼓励利用现有的监测方法和监测系统。例如，新南威尔士州环境保护管理局已经制定了监测空气和水污染物的系统（包括硫氧化物、氮氧化物、空气中的微粒和在水中的氮、磷和盐度）的排放发牌制度，系统涉及的污染企业需要提供监测详细信息和监测结果。澳电的连续排放监测（Continue Emission Monitoring，CEM）系统，主要用于系统监测一个单位的排放量，所有系统都必须能够连续采样，分析和记录数据至少每 15 分钟一次，然后再减少到一小时一次的平均值，必须每季度向环保局提交每小时排放数据，由环保局核实数据一致性和完整性，并由排放跟踪系统记录电力行业的排放数据。

ECOTECH AUSTRALIA 公司产品。澳大利亚 ECOTECH 的烟气排放连续监测系统（CEMS）可监测 SO_2、NO 和 NO_2 等常见污染物，同时能用于监测 CO、CO_2、H_2S 和 NH_3。ECOTECH 提供了一个完整的设计、施工、安装、调试和维护的 CEMS 解决方案。EC9820 CO_2 分析仪可以提供精确的测量范围，监测数据可以远程下载作进一步的分析，生成报表或归档。

Codel International 公司产品。澳大利亚 Codel International 公司的 GCEM40 CO/NO/SO_2/CO_2/H_2O 是一个多通道气体分析仪，通过探测管道来衡量 CO、NO、SO_2、CO_2 和烟气中的水浓度，记录生成监测数据。

2.6 欧盟

2.6.1 制度基础

2000 年，欧盟委员会通过了《实施欧洲污染物排放登记的决定》（Commission Decision of 17 July 2000 on the implementation of a European pollutant emission register，EPER），列出了 50 种污染物的排放阈值，其中包括 CO_2、CH_4、N_2O 等 GHG，如果某种污染物超过了排放阈值则进行报告，报告每 3 年进行一次汇总。2006 年，在 EPER 的基础上欧盟又颁布了《欧洲污染物排放和转移登记条例》（Regulation（EC）No 166/2006, European Pollutant Release and Transfer Register，E-PRTR），该条例涵盖了 91 种污染物，E-PRTR 取代了 EPER。

为与《联合国气候变化框架》和《京都议定书》衔接，欧盟在 2003 年颁布了《2003/87/EC 指令》，由国际法、区域国际法和国内法三个层面的制度构成。在国际法层面，《联合国气候变化框架公约》是欧盟排放交易机制重要的国际法上的依据，通过《链接指令》与《京都议定书》机制链接，成员国允许基于"清洁发展机制项目"和"共同实施项目"产生的碳信用在欧盟排放交易机制使用和交易。在区域国际法的层面，《气候变化——走向欧盟的后京都战略》中首次提出建立一个欧洲减排交易体制，随后减排交易作为一个履行欧盟《京都议定书》义务的可能措施被正式写进《欧盟气候变化计划》。在国内法的层面，《排放交易指令》要求每个成员国自己单独制定国家分配计划，每个成员国决定该国的欧盟许可总额，分配给交易部门和非交易部门的比例以及分配给每一个排放实体的额度。

2.6.2 统计监测方法

欧盟 GHG 监测统计制度是欧盟排放交易体系基础之一，在《排放交易指令 2007》中做了详细说明，其附件 1 是整个制度的主体部分，阐述了整个监测和报告制度体系；附件 2 具体介绍了燃烧排放；附件 3～11 对具体设施和设施的排放活动进行了详细说明；附件 12 对持续排放测量系统测定 GHG 的过程进行了具体阐述。

2.6.2.1 GHG 种类

为《京都议定书》规定的 CO_2、CH_4、N_2O、SF_6、HFCs 和 PFCs 6 种主要 GHG。

2.6.2.2 排放源种类

排放源包括能源、工业过程、溶剂与其他产品的使用、农业、土地利用的变化和林业、废弃物以及其他，详见表 2-13。

表 2-13 排放源分类

一级符号	活动	二级符号	具体活动
1	能源部门	（a）	矿物油和天然气提取厂
		（b）	气化和液化设施
		（c）	热电站和其他燃烧设施

一级符号	活动	二级符号	具体活动
1	能源部门	（d）	焦炉
		（e）	煤炭轧机
		（f）	生产煤炭产品和固体无烟燃料的设施
2	金属生产和加工	（a）	金属矿石（包括硫化矿）焙烧或烧结设施
		（b）	生产生铁和钢的设施，包括连铸生产
		（c）	黑色金属加工设施
		（d）	黑色金属铸造厂
		（e）	设施：（1）非铁金属矿石生产，冶金化学或电解过程的浓缩物或二次原料；（2）冶炼
		（f）	用电解或化学过程处理金属和塑料的设施
3	矿物工业	（a）	地下采矿及相关业务
		（b）	露天开采
		（c）	水泥熟料回转窑、石灰回转窑、水泥熟料或其他炉石灰
		（d）	生产石棉和以石棉为基础进行生产制造的设施
		（e）	玻璃制造设施，包括玻璃纤维
		（f）	矿物质熔化设施，包括矿物纤维制造
		（g）	陶瓷产品制造燃烧设施，具体是屋面瓦、砖、耐火砖、瓷砖、石器、瓷器
4	化学工业	（a）	有机化工生产设施（1）（2）
		（b）	磷、氮、钾化肥（简单或复合肥）生产设施
		（c）	生产植物保健品或杀菌剂的化工设施
		（d）	通过化学或生物过程生产基本药物产品的设施
		（e）	生产炸药和烟火产品的设施
5	废弃物和废水管理	（a）	用于焚烧、热解、回收、化学处理或有害垃圾填充的设施
		（b）	城市垃圾焚烧设施
		（c）	废物无害化处理设施
		（d）	垃圾填埋场（不包括惰性废物填埋场）
		（e）	动物尸体和动物废弃物处理和循环设施
		（f）	市政废水处理厂
		（g）	满足附件1多项活动的独立经营的工业废水处理厂
6	纸张和木材生产和加工	（a）	使用木材或类似纤维材料生产纸浆的工业厂房
		（b）	生产纸张、纸板和初级木制品（如刨花板、纤维板盒胶合板）的工业厂房
		（c）	木材和木制品化学防腐设施
7	家畜饲养和水工业	（a）	家禽或猪的集约化饲养设施
		（b）	集约化水产养殖
8	来自于食物和饮料的动物和蔬菜加工	（a）	屠宰场
		（b）	来自于动物（不包括牛奶）蔬菜原料的食品和饮料处理和加工
		（c）	牛奶处理和加工
9	其他	（a）	纤维或纺织品染色工厂
		（b）	兽皮和植皮的制革工厂
		（c）	物质、物体或使用有机溶剂产品的表面处理设施
		（d）	碳（硬燃烧煤）或人造石墨（通过焚化或者石墨化手段）生产设施
		（e）	建筑、绘画或船舶上漆设施

2.6.2.3 报告门槛

除用于研究、开发和测试新产品和工序的设施或者部分设施不用报告外，表 2-14 中列出了需报告的活动门槛值，如果一个经营商运营以下几个活动，则其门槛值是几个活动门槛值之和。

表 2-14 GHG 排放报告门槛

活动种类	排放报告门槛
能源活动	（1）热输入超过 20 MW 的燃烧设施（不包括危险的或市政废弃物设施）
	（2）矿物油精炼厂
	（3）焦炉
金属生产和加工	（1）金属矿石（包括硫化矿）焙烧或烧结设施
	（2）超过 2.5 t/h 的生铁或钢生产设施，包括连铸设施
矿产业	（1）以回转窑生产水泥熟料能力超过 50 t/d 的设施或者以回转窑生产石灰能力超过 50 t/d 的设施或者以其他炉窑生产能力超过 50 t/d
	（2）生产玻璃，包括玻璃纤维，生产能力超过 20 t/d 的设施
	（3）烧制陶瓷制品的设施，尤其是：屋面瓦、砖耐火砖、瓷砖、石器，生产能力超过 75 t/d，和/或炉窑生产能力超过 4 立方米/炉窑
其他活动	（1）以木材或者其他纤维材料生产纸浆
	（2）生产能力超过 20 t/d 的纸或纸板生产

2.6.2.4 排放量计算方法

根据活动数据、排放因子和氧化/转换因子来计算排放量，同时需要注明：生物质燃烧量，CO_2 排放量，转移的 CO_2 量，以燃料形式脱离设施的固有 CO_2。

（1）如果燃料的排放因子和活动数据可以用能量来代换，那么经营者必须报告每种燃料的年度平均净热值和排放因子的替代数据。

（2）如果经营者应用了质量平衡法来计算排放量，那么就必须报告质量流量、进出设施的每种燃料和原料的碳含量和能量。

（3）如果经营者应用了连续排放监测的方法来计算排放量，那么就必须报告年度化石 CO_2 排放以及生物质 CO_2 排放。另外，经营者还必须报告每种燃料或者原料各自的相关参数和实际计算得出产品的年度平均净热值和排放因子的替代数据。

（4）如果经营者应用了"后退法"来计算排放量，那么必须报告其中每一个参数的替代数据。

2.6.2.5 排放量监测方法

排放量的监测方法有估算法和测量法 2 种基本方法：

（1）估算法，主要是通过获取测量系统的活动数据和提取实验室分析数据或标准因子中的相关参数来估算流程源的排放量，计算公式：CO_2 排放 = 活动数据 × 排放因子 × 氧化/转化因子。

（2）测量法，主要是通过对烟道气体中的 GHG 和烟道气体流量连续测算来计算排放源的排放量。

2.6.2.6 排放量核查

排放量核查由以下步骤完成：

（1）战略分析

①核实监测计划是否为职能部门或者权威专家所批准，计划的版本是否正确。

②熟悉设施中的每项活动、设施中的排放源和排放源流程、用于监测和测量活动数据的计量设施、排放因子和氧化/转换因子的来源和用途、其他用于计算和测量排放量的所有数据和设施运行的环境。

③熟悉经营者的监测计划、数据流及其控制系统。

（2）风险分析

①分析与经营者活动、排放源、排放源流程和其他会导致材料错误、范围不一致和增加复杂性等相关的固有风险和控制风险。

②绘制一个与本风险分析相关的核实计划。

（3）核查

核查者在适当的时候应该进行实地的调查、访谈和收集足够的证据资料来检查整个监测系统的运行情况，此外需要：

①收集与抽样方法、预排测试、文件审查、分析程序和数据审查程序相关的数据以及任何有关的补充数据。

②确定用于计算不确定性水平信息的有效性。

③核查批准的监测计划是否正在执行及其时效性。

④在完成审查意见前，核查者应该要求经营者提供所有关于审计追踪、排放数据解释方程中丢失的数据和遗漏的部分。

（4）内部核查报告

在这一阶段，核查者应该准备一份能够证实战略分析、风险分析和监测计划已被全部执行的内部核查报告，并提供充分的信息来支撑核查报告。

核实者应该根据核查报告来判断年度排放报告是否会有与报告门槛不一致的错误以及是否有与核查意见不一致的材料和问题。

（5）核查报告

核查者应该把核查的方法、发现和核查意见以核实报告的形式发给经营者。

3 重点行业 CO₂ 排放示踪指标与基础算法

3.1 火电行业 CO₂ 排放源

3.1.1 物耗与产品

3.1.1.1 原料制备

（1）主料

①煤源

火力发电厂原料为煤。不同品质的煤的燃烧发热值不同，进而决定了发电煤耗量不同。年度消耗量可由年初库存量、进库量、出库量和年末库存量计算所得，也可由干煤棚容量结合发电量、储煤场容量和煤场存损率等变量佐证，并折算成标煤量。煤的品质由到厂实际燃料收到基水分、规定燃料收到基水分上限、煤炭质级不符率、煤质合格率、配煤合格率等变量确定。

根据《中国煤炭分类标准》（GB 5751—1986），采用煤的干燥无炭基挥发分排放速率（daf）及黏结指数（G）作为主要分类指标将煤分成无烟煤、烟煤、褐煤三大类，其中烟煤储量及产量均最大。由于中、低挥发分含量的烟煤更适合作为电力用煤，我国电力用煤中烟煤约占 90%，褐煤、无烟煤各占 5%左右。

（a）无烟煤

无烟煤是变质程度最深的煤。挥发分低，含碳量高，无黏结性，着火点高，密度较大，燃烧时多不冒烟。由于无烟煤挥发分含量低，着火温度高，锅炉易灭火，燃烧稳定性差，故不单独作为电力用煤。

（b）烟煤

烟煤的变质程度介于无烟煤和褐煤之间，高于褐煤，低于无烟煤。烟煤数量大，挥发分范围宽广，燃烧时多冒烟，各项特性基本介于无烟煤与褐煤之间。根据干燥无炭基挥发分排放速率（daf），可以划分为贫煤、瘦煤、焦煤、肥煤、气肥煤、气煤等 12 类。贫煤、贫瘦煤、瘦煤、弱黏煤、不黏煤、肥煤等可作电力用煤。特别是贫煤，其挥发分含量比无烟煤高，不黏煤或仅有微弱的黏结性，发热量比无烟煤高，是理想的电力用煤。

我国有为数众多的电厂锅炉是按燃用贫煤设计的，就全国而言，贫煤占全国煤炭储量的 5.6%，远低于无烟煤。由于贫煤资源短缺，很多燃用贫煤的锅炉需要掺烧无烟煤。

（c）褐煤

褐煤是变质程度最低的煤。其挥发分与内在水分均很高，质地较软，外观多呈黄色，光泽暗淡，多含不同数量的腐殖酸，易风化，因此发热量较低。我国褐煤储量小，产地主要集中在吉林、云南及内蒙古等省区，当地电厂采用褐煤作为电力用煤。

②煤质

发电标煤用量除与生产设备因素有关外，和入厂煤与入炉煤热量差、入厂煤与入炉煤水分差、燃煤平均发热量、标煤发热量等变量有关。煤由可燃组分和不可燃组分组成，燃烧时水分被蒸发，挥发分与固定碳燃烧时产生 CO_2 及水汽，并释放大量的热量，燃烧后的残渣就是灰分，可以通过工业分析和元素分析获得煤质情况，见表 3-1。

表 3-1　工厂常用工业分析与元素分析项目

检测项目		空气干燥基（ad）	干燥基（d）	收到基（ar）
全水分 M/%				
工业分析	水分 M/%			
	灰分 A/%			
	挥发分 V/%			
	固定碳 FC/%			
	焦渣特性			
灰渣可燃物 CM/%				
发热量	弹筒发热量 Q_b/（kJ/kg）			
	高位发热量 Q_{gr}/（MJ/kg）			
	低位发热量 Q_{net}/（MJ/kg）			
全硫 S_t/%				
元素分析	碳 C/%			
	氢 H/%			
	氮 N/%			
	氧 O/%			
煤含碳量 C（固定碳和挥发分中的有机碳）				
挥发分中含有的有机碳				

煤的工业分析是包括煤的水分（M，煤中游离水和化合水）、灰分（A，煤完全燃烧后剩下的残渣）、挥发分 [V，煤在一定温度下隔绝空气加热，逸出物质（气体或液体）中减掉水分后的含量] 和固定碳（FC，煤中去掉水分、灰分、挥发分，剩下的就是固定碳）4 个分析项目指标的测定的总称。元素分析是指全面测定煤中所含化学成分，对燃烧有影响的组分有 C、H、O、N 和 S 等 5 种元素，将不可燃矿物质归入灰分（A），再加水分（M），用质量百分数（%）表示。

（a）挥发分

挥发分是指煤在规定条件下隔绝空气加热，并进行水分校正后的质量损失。挥发分是评定煤的燃烧特性的首要指标，不同煤种的挥发分含量及其组成不同，挥发分含量基本上随煤的变质程度加深而减少，而挥发分开始逸出的温度则随煤的变质程度加深而增高，不同煤种的挥发分逸出温度和发热量见表 3-2。

表 3-2　各种煤的挥发分特性

煤种	逸出温度/℃	发热量/（J/g）
褐煤	130～170	25 700
烟煤	210～390	29 300～56 500
无烟煤	400	69 000

电厂一般不选择无烟煤，其主要原因是其挥发分含量太低，也不采用高挥发性的烟煤和褐煤，多选择中等挥发性的贫煤、瘦煤、贫瘦煤、弱黏煤等作为发电用煤。

（b）固定碳

固定碳，是指测定挥发分的残渣减去灰分后的残留物。煤中固定碳与挥发分一样，也是表征煤的变质程度的一项指标，即随着煤的变质程度加深，挥发分含量减小而固定碳含量增加。反之，随着煤的变质程度减弱，挥发分含量增加而固定碳含量减小。故无烟煤因其变质程度最深、挥发分含量最小而固定碳含量最高，褐煤则出现相反情况，烟煤则介于无烟煤和褐煤之间。

（c）发热量

煤的低位发热量，是指煤在空气中大气压条件下燃烧后产生的热量，扣除煤中水分（煤中有机质中的氢燃烧后生成的氧化水，以及煤中的游离水和化合水）的汽化热（蒸发热），剩下的实际可以使用的热量。弹筒发热量是在实验室中用氧弹式量热计测定的值。高位发热量是单位质量的煤完全燃烧产生的热量，包括水蒸气凝结成水产生的汽化潜热。现代大型锅炉为防止低温腐蚀，排烟温度高于 120℃，汽化潜热未被利用。

（d）基

收到基（ar）：以收到状态的煤为基准，空气干燥基（ad）：即原分析基，实验室条件下的煤为基准，干燥基（d）：以无水状态的煤为基准，干燥无灰基（daf），即原可燃基，以无水无灰状态下的煤为基准。

（2）辅料

辅助原料主要是燃油。燃油年度消耗量与燃料盘点库存量、燃料盘点盈亏量、燃料检质率、燃料检斤量、燃料检斤率、燃料过衡率、燃料亏吨索赔率、燃料盈/亏吨量、燃料运损率、燃料盈/亏吨率等相关。发电燃油用量与燃油平均发热量和发电油耗相关。

3.1.1.2　产品与废弃物

火力发电厂除主要产品——电能外，还有供热（热电联产）、煤气以及建材与化肥等附属产品。主营业务电能可由发电量、上网电量和工厂用电量计算得到，废弃物为废气与废渣。见表 3-3。

表 3-3　典型发电厂生产工艺流程中主要污染物排放

系统名称	主要过程	主要设备	产出	主要污染
输煤系统	煤场的煤经输煤皮带至磨煤机	输煤皮带，磨煤机	煤粉	扬尘，冲洗水
燃烧系统	煤燃烧产生的热量加热水生成蒸汽	锅炉，汽包	蒸汽	烟气、炉渣、噪声

系统名称	主要过程	主要设备	产出	主要污染
热力系统	实现热力循环、热功能转换	锅炉本体汽水系统、汽轮机热力系统、机炉间的连接管路系统、全厂公用汽水系统	蒸汽、水	热力系统排污水
发电系统	在汽轮机中热能转变为机械能，再由发电机将机械能转变为电能	汽轮机，发电机	电	噪声
除灰渣系统	灰浆泵和液下渣泵将冲渣水和冲灰水送入二级缓冲池后排入灰坝	灰浆泵，渣浆泵	灰渣水	化学耗氧量、悬浮物、氟化物等
水系统	河水经化学水处理设备处理后制成除盐水，作为锅炉补充水和工业冷却水；河水经工业水处理系统后作为工业杂用水；河水作为生活水源；河水作为循环水冷却水源	循环水泵、化学水处理设备、工业沉淀池和澄清池等	除盐水、循环水、工业水等	污泥、酸碱再生液等
脱硫系统	烟气中的二氧化硫与石灰石浆液反应生产石膏，从而降低烟气中二氧化硫的排放	吸收塔，石灰石浆液罐，搅拌器，真空脱水机	石膏	脱硫废水

3.1.2 流程与设备

3.1.2.1 生产流程

燃煤型火力发电厂的一般生产过程可以概括为 8 个流程，见图 3-1。

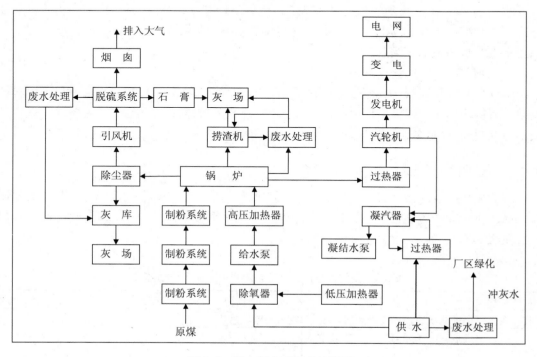

图 3-1 发电厂主要工艺流程图

（1）储存在储煤场（或储煤罐）中的原煤由输煤设备从储煤场送到锅炉的原煤斗中，再由给煤机送到磨煤机中磨成煤粉。

（2）煤粉送至分离器进行分离，合格的煤粉送到煤粉仓储存（仓储式锅炉）。

（3）煤粉仓的煤粉由给粉机送到锅炉本体的喷燃器，由喷燃器喷到炉膛内燃烧（直吹式锅炉将煤粉分离后直接送入炉膛）。

（4）燃烧的煤粉放出大量的热能将炉膛四周水冷壁管内的水加热成汽水混合物。

（5）混合物被锅炉汽包内的汽水分离器分离，分离出的水经下降管送到水冷壁管继续加热，分离出的蒸汽送到过热器，加热成符合规定温度和压力的过热蒸汽，经管道送到汽轮机做功。

（6）过热蒸汽在汽轮机内做功推动汽轮机旋转，汽轮机带动发电机发电。

（7）发电机发出的三相交流电通过发电机端部的引线经变压器升压后引出送到电网。

（8）在汽轮机内做完功的过热蒸汽被凝汽器冷却成凝结水，凝结水经凝结泵送到低压加热器加热，然后送到除氧器除氧，再经给水泵送到高压加热器加热后，送到锅炉继续进行热力循环。再热式机组采用中间再热过程，即把在汽轮机高压缸做功之后的蒸汽，送到锅炉的再热器重新加热，使汽温提高到一定（或初蒸汽）温度后，送到汽轮机中压缸继续做功。

3.1.2.2 主要设备

上述流程涉及的主要生产设备包括燃烧系统、汽水系统、电气系统和脱硫系统，见表 3-4。

表 3-4 火电行业生产设备

流程	设备			
脱硫系统	脱硫设备（燃烧前、中、后脱硫 3 类）			
燃烧系统	输煤			
	磨煤	原煤仓	磨煤机	粗粉分离器	旋风分离器
	锅炉与燃烧	给粉机	锅炉	排粉风机	
	风烟系统	空气预热器	除尘器		
	灰渣系统	冲灰沟	碎渣机	灰渣水泵	灰场
汽水系统	给水系统	汽轮机	凝汽器	除氧器	
	补水系统	补水系统			
	冷却水（循环水）系统	循环水泵	凉水塔		
电气系统	电气系统	发电机	励磁装置	厂用电系统	升压变电所

工厂间的发电能耗与供电水平因采用的发电机组和附属设备而异，一般与装机容量、锅炉容量、锅炉排污率、锅炉热效率、机组热耗量、机组设计供电标准煤耗、汽轮发电机组热效率、机组平均负荷、机组汽耗率、机组热耗率、汽轮机辅助设备耗电率、升压站主变压器容量、电气主结线系统、热力系统、馈线等变量相关。热能转化为电能的参考指标有机组供热量和机组供热量/汽轮机热耗量。其他变量有卸煤设备、型式及煤粉仓数量与容

积、磨煤机、排粉机/给粉机、冷却循环水系统、锅炉给水系统、化学水处理系统（凝聚、澄清、过滤、除盐、混床、制水能力）、锅炉除渣设施、除灰设施、灰场。

燃烧系统的效率决定了火电厂生命周期内的 CO_2 排放量，又受制于机组水平与煤质优劣，各种火电机组煤耗考核基础值详见表 3-5。

表 3-5　不同参数机组煤耗情况

机组水平	发电煤耗		
	g/kW·h（以标煤计）	g 原煤/（kW·h）	万 t 原煤/（亿 kW·h）
超超临界	290	378	3.78
超临界	300～320	420～448	4.20～4.48
亚临界	325～340	455～475	4.55～4.75
超高压	360～365	504～511	5.04～5.11
高温高压	385～410	540～574	5.4～5.7
中温中压	490	686	6.86

3.1.3　排放源及影响因素

3.1.3.1　排放源

火力发电厂 CO_2 直接排放来自于以下排放源，详见表 3-6。

表 3-6　火力发电厂 CO_2 排放源

序号	排放源	影响因子
1	原煤燃烧排放的 CO_2	煤耗量与排放因子
2	辅料燃油燃烧排放的 CO_2	燃油消耗量与排放因子
3	脱硫过程排放的 CO_2	含 CO_3^{2-} 的脱硫剂消耗量

3.1.3.2　影响因素

（1）主辅料使用

煤中有机质是复杂的高分子有机化合物，主要由碳、氢、氧、氮、硫和磷等元素组成，而碳、氢、氧三者总和约占有机质的 95% 以上；煤中的无机质也含有少量的碳、氢、氧、硫等元素。碳是煤中最重要的组分，是影响火电行业 CO_2 排放的决定因素，不同煤的 CO_2 排放因子不同（表 3-7）。

辅料使用中的燃油含有大量烷烃、烯烃、炔烃、环烷烃、芳香烃化学成分，其中 C 含量为 83%～87%，H 含量为 11%～14%，氧、硫、氮等其他元素含量为 0.5%～5%，在燃烧中会释放出 CO_2。

表 3-7　IPCC 关于火力发电 CO_2 排放因子

燃料	IPCC（2006 年）					
	CO_2			N_2O		
	缺省因子/（kg/TJ）	95%置信区间		缺省因子/（kg/TJ）	95%置信区间	
		上限	下限		上限	下限
烟煤	94 600	89 500	99 700	1.5	0.5	5
贫煤	96 100	92 800	100 000	1.5	0.5	5
褐煤	101 000	90 900	115 000	1.5	0.5	5
无烟煤	98 300	94 600	101 000	1.5	0.5	5
天然气	56 100	54 300	58 300	0.1	0.03	0.3

（2）生产流程

原煤在制粉、燃烧、加热、做功和转变等工序中进行转化，通过制粉系统磨成煤粉，随热风一起喷入炉膛燃烧，在燃烧系统中产生热量加热锅炉中的水，经过过热器使之成为高温高压蒸汽，蒸汽再到汽轮机膨胀做功，推动汽轮机旋转，汽轮机叶轮旋转带动发电机产生电能，由此完成煤中贮存的化学能→热能→机械能→电能的转变。在此过程中，只有燃烧煤粉产生 CO_2，其他工序都是物理转化过程，不产生化学反应，对 CO_2 的产生排放量无明显影响。

（3）发电技术水平

不同发电技术水平 CO_2 体积百分数、质量浓度和排放速率有所不同。南京国电环境保护研究院对 44 个具有代表性的火电机组的测试结果见表 3-8，发现影响 CO_2 排放因子的主要因素有机组装机容量、燃料类型以及机组使用年限与维护质量。随着装机容量的增大，机组效率提高，CO_2 排放绩效逐渐降低。燃用不同煤炭的 CO_2 排放因子不同，这主要与燃料的性质和产地有关。相同容量机组由于使用年限和维护质量的不同，CO_2 排放因子也会有差别甚至较大差异。

表 3-8　不同活动水平下的火电机组 CO_2 排放系数

序号	机组类型	燃煤类型	样本数/个	CO_2 排放系数		
				kg/TJ	kg/kW·h	kg/kg
1	超超临界	烟煤	2	98 519	0.84	2.18
2	超临界	烟煤	7	99 135	0.94	2.14
3	亚临界	烟煤	6	97 583	0.99	2.02
		无烟煤	1	96 984	0.95	1.99
4	超高压	烟煤	6	98 028	1.04	2.11
5	高温高压	烟煤	3	97 975	1.18	1.83
		褐煤	1	101 295	1.23	1.33
6	中温中压	烟煤	1	100 557	1.44	1.82
7	循环流化床	贫煤	2	128 872	1.29	1.68
8	燃气	天然气	2	56 440	0.38	1.92

（4）尾气处理

①除尘和脱硫

电厂尾气净化处理主要是除尘和脱硫，而脱硫主要分为燃烧前脱硫、燃烧中脱硫、烟气脱硫三种方式，其中能够产生 CO_2 排放的主要是燃烧中脱硫和烟气脱硫。当前国内火电厂采用的脱硫技术主要有三种：湿式石灰石-石膏法（湿法）、喷雾干燥脱硫法（半干法）和循环流化床法（干法）。湿式石灰石-石膏脱硫技术是目前世界上技术最为成熟、应用最多的脱硫工艺，应用该工艺的机组容量约占电厂脱硫装机总容量的 85%以上，应用单机容量已达 1 000 MW。根据上述工艺，废气脱硫工艺的不同，脱硫率也就不同，随之置换出来的 CO_2 排放量也就不同。

②捕获与储存

火电厂 CO_2 捕获技术路线分为燃烧前脱碳技术、燃烧后脱碳技术、纯氧燃烧技术以及化学链燃烧技术。CO_2 捕获技术方法则主要有吸收法、吸附法和膜分离法等，其中膜分离法是有发展潜力的技术。但国内发电厂由于技术资金等原因未对 CO_2 进行捕获和储存。

3.2 水泥行业 CO_2 排放源

3.2.1 物耗与产品

3.2.1.1 原料制备

（1）主料

料耗方面：生产 1 t 熟料所消耗的生料量比一般为 1.6 t/t 左右，其中石灰质原料约占 80%，黏土质原料约占 10%～15%，剩余的为用于代替部分原料和辅料的低品味原料和工业废渣。因此，水泥生产所需主料为提供 CaO 和 MgO 的石灰质原料，提供 SiO_2、Al_2O_3 以及少量 Fe_2O_3 的黏土质原料，补充煤的硅质、铝质和铁质校正原料（表 3-9）。

（2）辅料

根据具体生产情况有时还需加入一些辅助材料，如矿化剂、助熔剂、晶种、助磨剂、缓凝剂和混合材料等。

表 3-9 水泥生产用料情况

类别	名称	质量要求					
主要原料	石灰质原料	成分	CaO	MgO	f-SiO$_2$（燧石或石英）	SO$_3$	K$_2$O+Na$_2$O
		含量/%	48	≤3	≤4	≤1	≤0.6
	黏土质原料	品位	Sm（n）	Im（p）	MgO/%	R$_2$O/%	SO$_3$/%	塑性指数
		一级品	2.7～3.5	1.5～3.5	<3.0	<4.0	<2.0	>12
		二级品	2.0～2.7 或 3.5～4.0	不限	<3.0	<4.0	<2.0	>12

类别	名称	质量要求
辅助原料	铁质校正原料	$Fe_2O_3 \geq 40\%$
	硅质校正原料	$n > 4.0$；SiO_2：$70\% \sim 90\%$；$R_2O < 4.0\%$
	铝制校正原料	$Al_2O_3 > 30\%$
	烟煤	干燥基灰分 $< 28\%$；干燥基挥发分 $18\% \sim 30\%$；干燥基低发热值 > 20.934 kJ/kg 煤
	煤粉	灰分 $\pm 2.0\%$；合格率 $> 70\%$；挥发分 $\pm 2.0\%$；水分一般 $\leq 1.0\%$；细度为 0.08 mm 方孔筛筛余 $8\% \sim 10\%$；每 2 h 测一次
	矿化剂	萤石中 CaF_2 含量应 $\geq 60\%$，石膏中的 $SO_3 \geq 30\%$，每批矿化剂中有效成分含量波动要小，并保证较小的粒度和准确、均化的配合比。矿化剂的储存量一般应大于 20 d。入磨粒度 < 20 mm
	晶种	C_3S 含量应在 $50\% \sim 60\%$
低品料和工业废渣	煤矸石	煤矿生产时的废渣，在采矿和选矿过程中分离出来。其主要成分是 SiO_2、Al_2O_3 以及少量 Fe_2O_3、CaO 等，并含 $4\,180 \sim 9\,360$ kJ/kg 的热值
	石煤	多为古生代和晚古生代菌藻类低等植物所形成的低炭煤，其组成性质及生成等与煤无本质区别，但含碳量少，挥发分低，发热量低，灰分含量高
	粉煤灰	火力发电厂煤粉燃烧后所得的粉状灰烬
	炉渣	煤在工业锅炉燃烧后排出的灰渣

（主要成分以 SiO_2、Al_2O_3 为主，但波动较大，一般 Al_2O_3 偏高）

	玄武岩	是一种分布较广的火成岩，其颜色由灰到黑，风化后的玄武岩表面呈红褐色。其化学成分类似于一般黏土，主要是 SiO_2、Al_2O_3，但 Fe_2O_3、R_2O 偏高，即助熔氧化物含量较多。可以替代黏土做水泥的铝硅酸盐组分，以强化煅烧
	珍珠岩	是一种主要以玻璃态存在的火成非晶类物质，富含 SiO_2，也是一种天然玻璃。可用作黏土质原料配料
	赤泥	是烧结法从矾土中提取氧化铝时所排放出的赤色废渣，其化学成分与水泥熟料的化学成分相比较，Al_2O_3、Fe_2O_3 含量高，CaO 含量低，含水量大，赤泥与石灰质原料搭配便可配制出生料。通常用于湿法生产
	电石渣	是化工厂乙炔发生车间消解石灰排出的含水约 $85\% \sim 90\%$ 的废渣。其主要成分是 $Ca(OH)_2$，可替代部分石灰质原料。常用于湿法生产
	糖滤泥/碱渣/白泥	其主要成分都是 $CaCO_3$，均可做石灰质原料

3.2.1.2 产品与废弃物

水泥产品是硅酸盐类水泥，主要成分为硅酸三钙（$3CaO \cdot SiO_2$）、硅酸二钙（$2CaO \cdot SiO_2$）、铝酸三钙（$3CaO \cdot Al_2O_3$）、铁铝酸四钙（$4CaO \cdot Al_2O_3 \cdot Fe_2O_3$），约含 $62\% \sim 67\%$ CaO、$20\% \sim 24\%$ SiO_2、$4\% \sim 7\%$ Al_2O_3 和 $2\% \sim 6\%$ Fe_2O_3，详见表 3-10。废料是粉尘和烟气排放，详见表 3-11。

表 3-10 水泥产品组分

品种	代号	组分/%				
		熟料＋石膏	粒化高炉矿渣	火山灰质混合材料	粉煤灰	石灰石
硅酸盐水泥	P·Ⅰ	100	—	—	—	—
	P·Ⅱ	≥95	≤5	—	—	—
		≥95	—	—	—	≤5
普通硅酸盐水泥	P·O	≥80 且 <95	>5 且 ≤20			—
矿渣硅酸盐水泥	P·S·A	≥50 且 <80	>20 且 ≤50	—	—	—
	P·S·B	≥30 且 <50	>50 且 ≤70	—	—	—
火山灰质硅酸盐水泥	P·P	≥60 且 <80	—	>20 且 ≤40	—	—
粉煤灰硅酸盐水泥	P·F	≥60 且 <80	—	—	>20 且 ≤40	—
复合硅酸盐水泥	P·C	≥50 且 <80	>20 且 ≤50			

表 3-11 水泥生产废弃物排放

废水产生和排放量		
名称	产生量	排放量
废水	0.075 m³/t 熟料	0.03 m³/t 熟料

废气和粉尘产生量				
生产路线	窑型	废气量	其　中	
			窑废气/（m³/t）	工艺废气/（m³/t）
生料→熟料	立窑	4 700 m³/t 熟料	3 000	1 700
	湿法	6 200 m³/t 熟料	4 900	1 300
	中空干法	7 000 m³/t 熟料	4 600	2 400
	新型干法	5 300 m³/t 熟料	4 000	1 300
熟料→水泥		1 140 m³/t 水泥		1 140
生料→熟料→水泥	立窑	4 520 m³/t 水泥	2 200	2 320
	湿法	5 600 m³/t 水泥	3 530	2 070
	中空干法	6 000 m³/t 水泥	3 650	2 350
	新型干法	4 960 m³/t 水泥	2 900	2 060

粉尘排放量						
设　备		排气量/（m³/t 熟料）	含尘浓度/（g/m³）	设　备	排气量/（m³/t 熟料）	含尘浓度/（g/m³）
破碎机		500	20	立　窑	3 000	15
烘干机		600	50	回转窑	↓	↓
生料磨	自然排风	800	15	湿法长窑	4 900	30
	带烘干	1 000	60	立波窑	3 000	30
熟料磨	自然排风	800	15	干法长窑	4 600	30
	机械排风	800	40	干法预热窑	4 000	30
煤磨		400	40			

生产路线	窑型	粉尘产生量	其中		排 放			
			窑	工艺	复膜袋	普通袋	电除尘	其他除尘
生料→熟料	立窑	74 kg/t 熟料	40	34		0.43	0.64	1~4
	湿法	310 kg/t 熟料	252	58		0.6	1.5	
	中空干法	380 kg/t 熟料	252	128		0.8	1.9	
	新型干法	206 kg/t 熟料	148	58	0.23	0.30	0.35	
熟料→水泥		30 kg/t 水泥		18		0.18		
生料→熟料→水泥	立窑	71 kg/t 水泥	29	42		0.4	0.58	1.14
	湿法	240 kg/t 水泥	181	59		0.48	1.20	
	中空干法	290 kg/t 水泥	181	109		0.58	1.5	
	新型干法	166 kg/t 水泥	148	60	0.17	0.24	0.26	

SO_2 排放量				
生产路线	窑型	原煤消耗	SO_2 排放量	
			原煤含硫 S%	原煤含硫 1%
生料→熟料	立窑	224 kg/t 熟料	0.25S kg/t 熟料	0.25 kg/t 熟料
	湿法	291 kg/t 熟料	0.25S kg/t 熟料	0.25 kg/t 熟料
	中空干法	340 kg/t 熟料	0.4 S kg/t 熟料	0.4 kg/t 熟料
	新型干法	161 kg/t 熟料	0.15 S kg/t 熟料	0.15 kg/t 熟料
熟料→水泥			0	0
生料→熟料→水泥	立窑		0.36S kg/t 水泥	0.36 kg/t 水泥
	湿法		0.22 S kg/t 水泥	0.22 kg/t 水泥
	中空干法		0.29 S kg/t 水泥	0.29 kg/t 水泥
	新型干法		0.18 S kg/t 水泥	0.18 kg/t 水泥

NO_x 排放量			
生产路线	窑型	窑气量	NO_x 排放量
生料→熟料	立窑	3 000 m³/t 熟料	0.3 kg/t 熟料
	湿法	4 600 m³/t 熟料	1.84 kg/t 熟料
	中空干法	4 900 m³/t 熟料	196 kg/t 熟料
	新型干法	4 000 m³/t 熟料	1.6 kg/t 熟料
熟料→水泥		1 000 m³/t 水泥	0
生料→熟料→水泥	立窑	2 200 m³/t 水泥	0.22 kg/t 水泥
	湿法	3 530 m³/t 水泥	1.41 kg/t 水泥
	中空干法	3 650 m³/t 水泥	1.46 kg/t 水泥
	新型干法	2 900 m³/t 水泥	1.16 kg/t 水泥

3.2.2 流程与设备

3.2.2.1 生产流程

水泥制造过程的主要工序可以概括为图 3-2，包括：原料制备和熟料生产。通过对原料进行高温处理，生产出中间产品——熟料，将熟料和其他产品（矿物成分）混合粉磨制造出水泥。

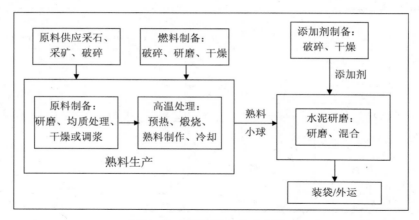

图 3-2　水泥制造工艺示意图

根据生产线类型，水泥制造工艺可以分为湿法生产水泥工艺和新型干法生产水泥工艺，湿法生产线已经逐步被淘汰。

（1）湿法工艺

湿法生产过程可分为熟料制备、熟料煅烧、水泥粉磨及包装 3 个阶段，见图 3-3。

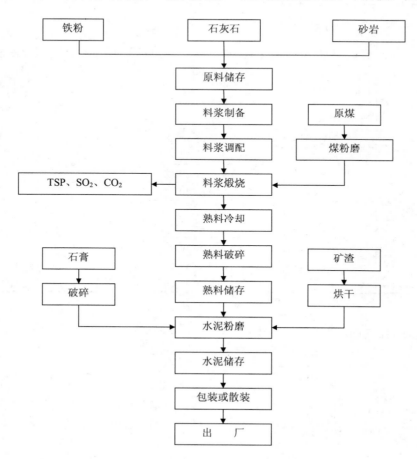

图 3-3　水泥生产（湿法回转窑）工艺流程图

（2）新型干法工艺

新型干法（湿磨干烧）水泥生产工艺包括料浆脱水烘干破碎、窑尾预分解及熟料煅烧、窑尾废气处理等流程，见图 3-4。

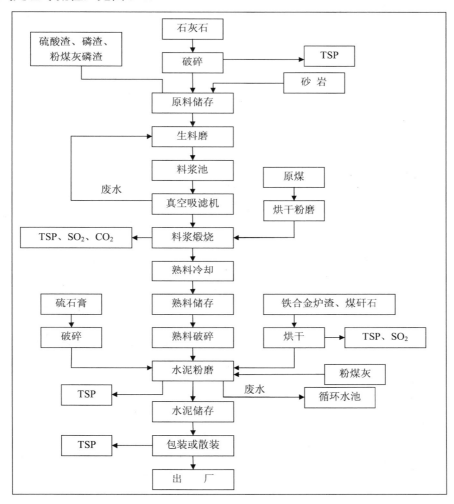

图 3-4　水泥生产（湿磨干烧）工艺流程图

①料浆脱水烘干破碎

来自搅拌池的合格料浆进入真空吸滤车间的喂料小仓，经喂料小仓喂入 2 台真空吸滤机进行初步脱水，经脱水处理的料浆形成料饼（含水分 18%～20%），附在吸滤机的滤布上，由罗茨风机提供的强风吹落在带式输送机上，经带式输送机送入叶轮式喂料机，再喂入风扫式烘干破碎机，料饼在锤式烘干破碎机内同时进行烘干和破碎，出破碎机的物料水分在 1%以下成粉状，随出破碎机的废气进入窑尾的旋风料器。

真空吸滤车间设 3 台真空泵，两用一备，设 2 台罗风茨风机，一用一备。出真空吸滤机的废水回生料制备车间循环使用，烘干破碎机所用的热风来自出窑尾一级筒的废气。

②窑尾预分解及熟料煅烧系统

窑尾预分解系统由旋风集料器、三级旋风预热器和分解炉组成。旋风集料器收下的物料进入预热器，逐级预热进入分解炉，经部分分解的生料进入 1 台 ø3.5 m×52.0 m 的回转窑煅烧。分解炉所用的三次风来自窑头罩，燃烧采用三通道喷煤管，窑系统所用燃烧由煤粉制备系统供给，出回转窑的熟料，进入 1 台 TC836 型的第三代空气篦式冷却机进行冷却及破碎，由熟料链斗输送机送入联合储库，出预热器废气进入锤式烘干破碎机。出篦式冷却机的废气经电收尘处理，净化气体由烟囱排入大气，收集的粉尘经熟料链斗输送机送入熟料库。

③窑尾废气处理

出预热器废气进入锤式烘干破碎机再入旋风集料器，经风机鼓入电收尘器净化处理，净化气体再经过另一台风机由烟囱排入大气，该系统收集的粉尘经链运机、提升机等输送设备送入锤式烘干破碎机。

3.2.2.2 主要设备

生料制备、熟料煅烧和水泥粉磨 3 个过程（即"两磨一烧"）生产设备见表 3-12，在各生产流程需要达到的质量要求见表 3-13。

表 3-12 水泥生产主要设备

设备名称	技术参数			
	石灰石破碎系统设备			
单段破碎	进料粒度/mm	产品粒度/mm	生产能力/（t/h）	配用功率/kW
两段破碎	进料粒度/mm	额定功率/kW	生产率/（t/h）	额定电压/V　出料粒度/mm
	原料制备破碎系统设备			
立式磨	主电机功率/kW	入磨风温/℃	出磨风温/℃	出磨风量/（m³/h）　产量/（t/h）
管磨机	入料粒度/mm	生产能力/（t/h）	研磨体装载量/t	主电机功率/kW
辊压机	预粉碎能力		主电动机	
	熟料/（t/h）　生料/（t/h）		功率/kW　转速/（r/min）　电压/V	
	烧成系统设备			
立窑	总装机功率/kW		产能/（t/h）	

表 3-13 水泥生产工艺流程设备

流程		质量要求			设备名称
生料制备	出磨生料	化学成分及率值的控制	成分	目标值/%　合格率/%	石灰石破碎系统 原料制备系统
			水分	≤1.0　　≥90	
			SiO₂	±0.5　　≥80	
			CaO	±0.5　　≥80	
			Fe₂O₃	±0.3　　≥80	
			Al₂O₃	±0.3　　≥80	
			KH	±3　　≥60	
			N	±10　　≥60	
			P	±10　　≥60	
		细度控制	方孔筛/mm	筛余量/%　合格率/%	
			0.08	≤8～10　　≥87.5	
			0.20	≤1.0～1.5　　≥87.5	
		煤掺加量的质量控制	控制量	目标值/%　合格率/%	
			水分	≤4.0　　≥80	
			细度（0.08 mm方孔筛筛余量）	12　　90	

流程		质量要求						设备名称
生料制备	入窑生料	控制量	目标值/%	合格率/%				石灰石破碎系统
		KH	±0.03	≥60				原料制备系统
		n	±0.1	≥65				
		P	±0.1	≥65				
		细度（0.08 mm 方孔筛筛余量）	≤12	≥90				
熟料煅烧	熟料化学成分	控制量	目标值	合格率/%		标准偏差		烧成系统
				湿法回转窑及日产 2 000 t 以上的预分解窑	其他窑型	回转窑	立窑	
		KH	±0.02	≥80	≥70	≤0.020	≤0.030	
		n、p	±0.02	85				
	游离氧化钙含量	窑类型	f-CaO 含量/%	合格率/%				
		回转窑	≤1.5	≥85				
		立窑	≤2.5	≥85				
	烧失量	控制指标≤1.0%						
	氧化镁含量	MgO 含量必须小于 5.0%，对 MgO 含量高于 5.0%而低于 6.0%的熟料，应进行其水泥压蒸安定性试验						
		其中硅酸钙矿物不小于 66%，氧化钙和氧化硅质量比不小于 2.0						
水泥粉磨	出厂水泥质量控制要求	出厂水泥合格率/%	均匀性合格率/%	28 d 抗压强度目标值		袋装水泥合格率/%		水泥粉磨系统
		100	100	≥（水泥国家标准规定值 +2.0 MPa +3S）		100		

3.2.3　排放源及影响因素

3.2.3.1　排放源

在水泥厂，CO₂ 的直接排放来自于以下排放源，详见表 3-14。

表 3-14　水泥工业 CO₂ 排放源

序号	排放源		影响因子
1	原料煅烧中的 CO₂	熟料煅烧	已生产熟料，熟料中的氧化钙和氧化镁，生料中的氧化钙和氧化镁
		粉尘的煅烧	水泥窑系统粉尘排放、熟料排放因子
		原料中的有机碳	粉尘分解率，熟料，生料与熟料比例，生料的总有机碳含量
2	燃料燃烧中的 CO₂	水泥窑传统燃料	燃料消耗，排放因子
		水泥窑备选化石燃料（化石替代燃料）	
		水泥窑生物质燃料（生物质替代燃料）	
		非水泥窑用燃料	

3.2.3.2 影响因素

（1）原料煅烧产生的 CO_2

在熟料燃烧过程中，由于碳酸钙分解为石灰，其中的 CO_2 也释放出来：$CaCO_3$＋热量→CaO＋CO_2↑。该过程称为"煅烧"，CO_2 通过水泥窑烟囱直接排放。排放可分为两种：①实际熟料生产中产生的 CO_2；②原料产生的 CO_2，以部分煅烧水泥窑粉尘的形式或完全煅烧旁路粉尘的形式从水泥窑体系中排放。

实际熟料生产产生的 CO_2 与熟料中的石灰成分是成比例的，在不同的时间或不同的水泥厂之间这种比例都基本不会发生变化，所以每吨熟料产生的 CO_2 因子相当稳定；水泥窑体系排放的水泥窑粉尘数量随水泥窑类型和水泥质量标准而变化，在每吨熟料中的变化范围为 0～100 kg。

（2）原料中有机碳产生的 CO_2

用于熟料生产的原料通常只含有小部分有机碳，可以表示为总有机碳含量，经由高温处理时，生料中的有机碳转化为 CO_2。水泥厂中，相对于 CO_2 排放总量而言，有机碳产生的 CO_2 非常少（大约为 1%或者更少）。原料中的有机碳可以随地点和所用材料类型的不同发生变化，与大量消耗某些粉煤灰或页岩（作为原料输入水泥窑中）相关。

（3）燃料燃烧产生的 CO_2

传统水泥行业在操作水泥窑时使用各种化石燃料，包括煤、石油焦（炭）、燃油和天然气。近年来，从废料中提取的燃料已成为重要的替代燃料，包括废油、废轮胎等化石燃料衍生物，经废木柴和水处理产生的脱水污泥等生物质衍生物。使用传统燃料和替代燃料时，CO_2 会通过水泥窑烟囱直接排放。

（4）尾气处理

与火电厂除尘、脱硫相似，尚未见有水泥厂对尾气进行捕捉与封存。

3.3 钢铁行业 CO_2 排放源

3.3.1 物耗与产品

3.3.1.1 原料制备

（1）主料

钢铁生产的主要原料是铁矿石，见表 3-15。

表 3-15 钢铁生产所需原料与燃料

名称	主要成分
铁矿石	Fe_3O_4
石灰石	$CaCO_3$
白云石	$CaMg(CO_3)_2$ 理论化学成分为 CaO 30.4%、MgO 21.7%、CO_2 47.9%
菱镁矿	$MgCO_3$

（2）辅料

钢铁生产所需要的主要辅料是煤、焦炭、电力等能源，全国消耗情况见表 3-16。在钢铁生产用能中，煤的比重基本在 85% 左右，电的比重在 10% 左右，天然气呈逐年上升趋势，而油制品呈逐年下降趋势，其中原油、燃料油逐年减少，液化石油气近几年呈较大幅度增长。

表 3-16　2000—2008 年全国钢铁行业终端能源实物消费量

项目 ＼ 年份		2000	2001	2002	2003	2004	2005	2006	2007	2008
原煤/万 t		3 876.63	3 672.40	3 467.79	4 162.72	4 979.01	5 588.02	5 817.84	6 109.43	6 462.07
洗精煤/万 t		356.67	386.62	288.43	350.93	834.28	785.70	682.01	802.91	850.91
其他洗煤/万 t		311.00	279.95	273.54	882.90	108.75	157.55	158.00	164.36	208.00
焦炭/万 t		8 016.99	8 916.33	9 321.29	12 240.03	15 218.35	21 310.19	23 586.07	24 399.97	25 355.82
焦炉煤气/亿 m³		149.44	161.76	165.94	190.26	218.37	323.55	313.80	349.55	378.54
其他煤气/亿 m³		344.11	357.96	356.67	397.44	406.72	550.30	791.38	1 507.13	1 585.56
其他焦化产品/万 t		106.95	116.60	136.16	172.73	152.79	128.04	148.04	177.76	227.11
原油/万 t		10.25	9.85	13.57	8.39	0.11	0.13	0.13	0.10	0.15
汽油/万 t		34.04	35.22	35.48	36.85	22.13	21.17	25.23	26.55	24.72
煤油/万 t		5.37	5.50	7.94	3.00	1.92	1.92	1.71	1.61	2.25
柴油/万 t		73.44	81.32	88.01	99.62	87.66	91.68	92.45	97.58	124.40
燃料油/万 t		290.97	271.14	238.14	255.10	199.46	175.73	150.50	137.53	97.69
液化石油气/万 t		0.76	0.73	1.14	1.36	6.91	11.28	13.08	15.15	24.24
其他油制品/万 t		0.80	1.00	0.73	1.51	5.46	7.49	8.99	9.96	8.50
天然气/亿 m³		1.68	1.64	2.24	3.16	7.19	9.76	11.22	13.15	17.06
热力/GJ		12 824.63	13 372.39	13 251.74	13 589.88	11 836.71	15 356.95	16 220.91	18 252.22	16 488.08
电力/亿 kW·h		1 121.08	1 214.30	1 381.53	1 683.21	2 087.28	2 550.47	3 039.00	3 661.70	3 693.10
能源消费总量/万 t 标煤	等价	18 636.29	19 778.69	20 524.06	25 861.58	30 859.71	39 180.48	44 354.5	49 801.07	51 468.35
	当量	15 514.31	16 452.23	16 961.74	21 657.68	25 896.35	33 152.52	37 266.15	41 530.29	43 504.33
吨钢能耗含电/不含电/tce		1.45/1.21	1.30/1.09	1.13/0.93	1.16/0.97	1.13/0.95	1.10/0.93	1.05/0.89	1.02/0.85	1.00/0.85
钢产量/万 t		12 850	15 163	18 225	22 234	27 279	35 579	42 102	48 971	51 234

3.3.1.2　产品与废弃物

（1）产品

钢铁厂主要产品有生铁、钢、型材和焦炭，见表 3-17。

表 3-17　钢铁厂主要产品

产品	简介
生铁	碳质量分数较高（WC＞2.11%），杂质元素的含量也较高的铁碳合金，生铁硬度高、性脆，很少直接使用
钢	碳的质量分数较低（WC＜2.11%），杂质元素的含量也较低的铁碳合金，钢一般具有较好的强韧性，是常用的金属材料
型材	钢锭或钢坯经压力加工成各种形状规格的钢材
焦炭	焦化产物

（2）废弃物

钢铁厂产生的废弃物有废气、废水和废渣，见表 3-18。

表 3-18　钢铁厂产生的废弃物

产品（工序）	吨产品污染物产污系数
	各个流程中产生的粉尘、废渣等
烧结工艺	废气：废气量 5 000 m³/t，含尘 5 g/m³，产尘量 25 kg/t，SO₂ 3～15 kg/t（视矿石和燃料的含硫量而定），CO 3 kg/t，NOₓ 2 kg/t（耗煤 70 kg/t），冷却带粉尘量 20 kg/t 污水：1.0 m³/t，SS 浓度 10 g/L，pH 为 10～11，经处理后可以循环使用 废渣：尘泥约 30 kg/t
球团工艺	废气：废气量 1 000 m³/t，含尘 10 g/m³，产尘 10 kg/t（C），SO₂ 5 kg/t（视矿石和燃料的含硫量而定），NOₓ 1.5 kg/t
炼铁工艺（高炉）	废气：产生高炉煤气 2 000～2 500 m³/t（含 CO 20%～30%），煤气含尘 25 g/m³；产生粉尘 52 kg/t；炼铁无组织粉尘产生量 18 kg/t（其中出铁 5 kg/t、其他 13 kg/t） 污水：煤气洗涤水 12 m³/t（洗气废水 6 m³/t，冲渣水 4 m³/t，铸机废水 2 m³/t），含 SS 15 kg/L，酚 0.001 kg/L，氰化物 0.04 kg/L 废渣：0.3～0.9 t/t（依品位及冶炼方法而异），按照我国生产水平，平均为 0.7 t/t
冲天炉炼铁	废气：粉尘 10 kg/t， 废水：废水量 8 m³/t，含 SS 2 kg/t
转炉炼钢（吹氧）	废气：500 m³/t（吹氧 80 m³/t），含 CO 70%～80%，产尘量 39 kg/t，SO₂ 忽略 污水：湿式除尘水 3 m³/t 钢，SS 2 000～5 000 mg/L 废渣：钢渣 0.13 t/t，萤石渣 0.1 t/t
电炉炼钢	废气：800～1 000 m³，烟尘产生量 10～12 kg；无组织粉尘产生量 3 kg/t 钢渣：0.12 t/t
连铸	废水：废水量 10 m³/t 钢，含 SS 4 kg/t，油类 0.2 kg/t
转炉兑铁水	废气：烟气量 1 400 m³/t 铁水·h，烟尘 5～10 g/m³，最高达 15 g/m³（有除尘设施）
转炉出钢	废气：烟气量 900 m³/t 钢·h，烟尘 10 kg/t
化铁炉	废气：烟气量 800 m³/t，烟尘 15 g/m³，或 10 kg/t，CO 18%
轧制钢板	污水：30～40 m³/t，含氧化铁皮 1 000～5 000 mg/L，油 50～500 mg/L
重型钢材（初轧坯、方坯）	污水：1.5～6 m³/t，含氧化铁皮 1 000～5 000 mg/L，油 50～500 mg/L
中型钢材轧制	污水：2.5～7 m³/t，含氧化铁皮 1 000～5 000 mg/L，油 50～500 mg/L
轻型钢材轧制	污水：8～15 m³/t，含氧化铁皮 1 000～5 000 mg/L，油 50～500 mg/L
钢管	污水：5～15 m³/t，含氧化铁皮 1 000～5 000 mg/L，油 50～500 mg/L
线材	污水：6～10 m³/t，含氧化铁皮 1 000～5 000 mg/L，油 50～500 mg/L
冷轧钢材	污水：7～12 m³/t，含氧化铁皮 <100 mg/L，油 200～300 mg/L
酸洗钢材	污水：酸洗废液 70 kg/t，含 SS 640～2 000 mg/L，硫酸 11%，铁 3～4 kg。酸性冲洗废水 1.4～3.5 m³，含酸 0.2%～0.4%，SS 15～60 mg/L
镀锌钢材	废水：4～5 m³/t，含锌 100 mg/L，氰化物 1～6 mg/L
冲天炉铸铁	废气：烟气 750～800 m³/t，含 CO 17%～19%，SO₂ 2 kg/t，粉尘 13.5～16.3 g/m³，出铁口粉尘 3～5 g/m³，粉尘量 10 kg/t
熔炼铸造	废气：800 m³/t，含粉尘量 10 kg/t，SO₂ 2 kg/t

产品（工序）	吨产品污染物产污系数
硅铁	废气：10 000 m³/t，含 SO₂ 10 mg/m³，粉尘量 140 kg/t 废渣：0.4 t/t
硅锰铁	废气：废气量 1 200 m³/t，粉尘量 60 kg/t 废渣：2 t/t
锰铁合金	废气：封闭式电炉 800～1 000 m³/t，粉尘 75 kg/t。敞口式电炉烟气量 12 000 m³/h，粉尘 40 kg 污水：冲渣水 5～11 m³/t 废渣：2.0 t/t
钨铁合金	废气：60 000 m³/t，粉尘量 20～25 kg；废渣：0.6 t/t
铬铁合金	废气：废气量 900 m³/t，粉尘量 60 kg/t 废渣：1.4 t/t
钼铁	废气：焙烧炉废气 20 000 m³/t 炉料·h，CO 1.7%，粉尘 22.5 g/m³。熔炼炉废气 3 000 m³/(t 炉料·h)，CO 5%，粉尘 28 g/m³ 废渣：1.2 t/t
钒铁合金	废气：封闭式电炉 800～1 200 m³/t，粉尘 50～120 g/m³。半封闭式电炉烟气量 24 000～40 000 m³/t，含尘 3～4 g/m³。粉尘 80 kg/t 污水：20～25 m³/t，含钒 2 kg/t，六价铬 0.13 kg/t 废渣：1.5～1.8 t/t
钨钼硬质合金	污水：270 m³/t，含酸 0.7 t/t，或 40～90 g/L，砷 100 mg/L，铜 180 mg/L 废气：15 万 m³/t，盐酸气 80 kg 废渣：1.5～1.8 t/t
硅	废气：40 000 m³/t，氟化氢 2 kg/t 污水：50 m³/t 废渣：20 t/t，含砷 0.2～0.3 t/t
机焦	废气：废气量 2 400 m³/t 焦，烟粉尘约 6 kg/t 焦（装煤 1 kg/t 焦、推焦 2.5 kg/t 焦、熄焦 1.5 kg/t 焦、炉门炉顶泄漏 1 kg/t 焦），苯并[a]芘排放量约 6.5 g/t 焦，H₂S 3 kg/t 焦 污水：2.5 m³/t 焦，或每吨苯或焦油耗水 25 m³，酚氰废水含硫化氢 2.3 kg/t 焦、COD 4 kg/t 焦、氰化物 0.6 kg/t 焦、挥发酚 0.5 kg/t 焦，石油类 0.1 kg/t 焦，氨 0.5 kg/t 焦
简易工艺炼焦	污水：0.8 m³/t，其中挥发酚 2.0 kg/t，COD 4.8 kg/t 废气：烟粉尘量 6 kg/t，SO₂ 视燃料消耗和硫分定

3.3.2 流程与设备

3.3.2.1 生产流程

目前，钢铁生产有长流程和短流程之分。以铁矿石、煤炭为源头的高炉—转炉—热轧—深加工流程，即长流程；以废钢、电力为源头的电炉—精炼—连铸—热轧流程，即短流程。由于电炉流程主要使用再生资源——废钢，所以电炉短流程比利用天然资源的高炉—转炉长流程消耗更少的原料和能源，排放更少的气体和固态物质。高炉—转炉流程的能耗是电炉流程的 2 倍以上。一般工艺流程见图 3-5。

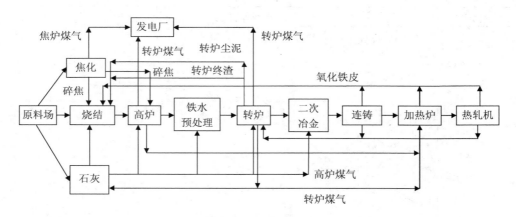

图 3-5　钢铁制造流程及能量/物流反馈连结

（1）烧结

该过程由生产设备的台时产量、固体燃料消耗、烧结矿返矿率、煤气消耗、电力消耗和含铁原料消耗等确定。

（2）球团

该过程由生产设备的台时产量、铁精粉消耗、黏结剂消耗、电力消耗、煤气消耗等确定。

（3）炼焦

该过程由配煤比-焦煤、配煤比-煤气、结焦率、炼焦耗洗煤和焦炭产量确定。

（4）炼铁（高炉）

高炉炼铁过程由高炉容量、休风率、慢风率、生铁产量、入炉品位、高炉利用系数、冶炼强度、综合焦比、入炉焦比、煤比、电力消耗、生铁合格率等确定。

（5）高炉/电炉铁合金

高炉或电炉制备铁合金过程由入炉焦比、熔剂消耗、锰矿石消耗、硅铁量、钢屑用量和硅石用量等确定。

（6）转炉/电炉炼钢

转炉或电炉炼钢过程由炉容量、钢铁料消耗、耐火材料消耗、氧气消耗、铁水消耗、合金料消耗、电力消耗、硅铁消耗、锰铁消耗和石灰消耗等确定。

3.3.2.2　主要设备

（1）焦炉

焦炉又称炼焦炉，即煤炼焦的设备，是焦化技术中的关键，由炭化室、燃烧室和蓄热室三个主要部分构成。

（2）烧结

烧结机适用于大型黑色冶金烧结厂的烧结作业，是抽风烧结过程中的主体设备，可将不同成分、不同粒度的精矿粉、富矿粉烧结成块，并部分消除矿石中所含的硫、磷等杂质。烧结机按烧结面积划分为不同长度、不同宽度几种规格，用户根据其产量或场地情况进行选用。烧结面积越大，产量就越高。烧结机主要工序组成有生石灰破碎室、煤（焦）粉破碎室、配料库、一次混合机室、二次混合机室、烧结机室、扎料器、热破机、筛分室等几部分。

（3）高炉

高炉是横断面为圆形的炼铁竖炉，用钢板做炉壳，壳内砌耐火砖内衬，自上而下分为炉喉、炉身、炉腰、炉腹、炉缸 5 部分，用高炉方法生产的铁占世界铁总产量的绝大部分。

（4）转炉

转炉炉体由炉壳和炉衬组成，炉壳由钢板焊成，而炉衬由工作层、永久层和充填层三部分组成。工作层直接与炉内液体金属、炉渣和炉气接触，易受侵蚀，通常用沥青镁砖砌筑。永久层紧贴炉壳，用以保护炉壳钢板，修炉时永久层可不拆除。在永久层和工作层之间设充填层，由焦油镁砂或焦油白云石组成，其作用是减轻工作层热膨胀对炉壳的压力，并便于拆炉。

（5）轧钢

在旋转的轧辊间改变钢锭、钢坯形状的压力加工过程叫轧钢。轧钢工艺装备水平有了很大提高，各钢铁企业基本上都拥有一两套现代化轧机，甚至是全部现代化轧机。由于轧钢系统的深加工系统比例增加，引起钢铁行业轧钢系统的吨钢综合能耗相应增加了 3～5 kg 标煤。在热轧系统上，加热炉采用蓄热式燃烧和先进的燃烧控制技术，吨材燃料消耗可降低 20%；采用这些技术措施后，不仅促进了加热炉燃耗降低，也解决了不少企业低热值煤气利用的问题。

3.3.3　排放源及影响因素

3.3.3.1　排放源

在钢铁制造过程中，炭通常既作为铁矿石的还原剂，又作为热源将反应物加热到技术和经济均合理的温度。目前钢铁生产的废气主要是由以煤为主的能源消耗所产生的，以 CO_2 占绝大多数。电炉炼钢所用的电如果是用含碳燃料发电，也会产生 CO_2。对所有的钢铁制造流程 CO_2 排放的模拟研究表明 CO_2 排放主要与使用铁水和生铁的量有关，其次是发电的用炭量。钢铁企业消耗的燃料中有 34.12%在生产过程中转变为可燃气体（包括高炉、转炉、焦炉煤气）。在正常生产状态下，每吨铁可产生 1 700～2 000 m³ 的煤气，每吨钢可产生 80～120 m³ 煤气，每吨焦可产生 350～430 m³ 煤气。钢铁制造中的 CO_2 来自于以下排放源，见表 3-19。

表 3-19　钢铁厂 CO_2 排放源

序号	工序	排放气体种类	来源
1	烧结	CO_2, CO, SO_2, NO_x	燃料在烧结过程中的燃烧
2	炼焦	CO_2, CH_4, CO, SO_2, NO_x, H_2S	煤的干馏过程及加热燃烧
3	高炉炼铁	CO_2, CH_4, CO, SO_2, NO_x, H_2S	炼铁过程焦炭燃烧及铁矿石的还原反应
4	转炉/电炉炼钢	CO_2, CO, NO_x	铁水脱碳/冶炼过程
5	轧钢	CO_2, SO_2, NO_x	加热和热处理过程中的燃料的燃烧
6	石灰焙烧	CO_2, NO_x	加热过程燃料的燃烧/石灰石分解
7	自备电厂	CO_2, SO_2, NO_x	燃料燃烧

3.3.3.2　影响因素

（1）烧结产生 CO_2

烧结过程是许多物理化学变化的综合过程。烧结料因强烈的热交换而从 70℃以下被加热到 1 200～1 400℃，与此同时，要从固相中产生液相，然后液相又被迅速冷却而凝固。烧结生产使用的燃料分为点火燃料和烧结燃料两种，点火燃料有气体燃料（高炉煤气、焦炉煤气、发生炉煤气和天然气等）和液体燃料（重油）两种。高炉煤气是高炉冶炼时的一种副产品，高炉每炼一吨生铁可以获得 3 500～4 000 m³ 的高炉煤气，其成分随冶炼时所采用的燃料种类及高炉操作条件不同而不同，一般含有大量 N_2、CO_2 等气体（占 63%～70%）。焦炉煤气是炼焦过程产生的副产品，平均每吨干煤炼焦时可产生 320 m³ 的焦炉煤气，约占全部产品质量的 17.6%，经过洗涤后的煤气含焦油量为 0.001～0.02 g/m³，用于烧结的焦炉煤气的标态发热量为 4 000 kcal/m³ 左右，其中 CO_2 含量在 1.5%～2.5%。

烧结燃料主要指在料层内燃烧的固体燃料，最常用的是碎焦粉末和无烟煤等。碎焦粉末是高炉用的焦炭的筛下物，粒度一般小于 25 mm。煤炭化的程度不同，煤中的挥发物含量的差别是很大的。炭化程度越高，它的挥发分含量也就越少。无烟煤是各种煤中炭化最好的烧结燃料，在生产上要求无烟煤的发热量大于 6 000 kcal/kg，挥发分小于 10%，灰分小于 15%，硫小于 2.5%，进厂的粒度小于 40 mm。

烧结工序 CO_2 排放量与企业生产规模具有一定的相关性。一方面，规模较大企业的烧结设备的装备水平较高、能耗较低；另一方面，规模较大企业所使用的铁矿石中进口矿石比例相对更高一些，与国产矿石相比，进口矿石品位较高，冶炼难度相对较低，会减少 CO_2 的排放。

（2）炼焦产生 CO_2

将各种经过洗选的炼焦煤按一定比例配合后，在炼焦炉内进行高温干馏，得到焦炭和荒煤气，将荒煤气进行加工处理，得到多种化工产品和焦炉煤气。焦炭是炼铁的燃料和还原剂，将氧化铁还原为生铁。焦炉煤气发热值高，是钢铁厂及生活用的优质燃料。炼焦化学产品的数量和组成随炼焦过程（主要是炼焦方法和温度）和原料的质量不同而变化。在工业生产条件下各种产品的产率（对干煤的重量百分比）为：焦炭 73%～78%，回收煤气 15%～19%，焦油 2.5%～4.5%，化合水 2%～4%，粗苯 0.8%～1.2%，氨 0.25%～0.35%，其他 0.9%～1.1%。通常在煤的干馏过程及加热燃烧过程中排放 CO_2，另外若直接排放或放空燃烧焦炉煤气，也会产出 CO_2。

与高炉煤气相比，焦炉煤气是热值更高的优质能源，能源管理水平较高的企业，往往倾向于在满足热值要求前提下，尽可能多地使用焦炉煤气代替高炉煤气。因此，在能源得到合理利用的钢铁企业中，吨焦的 CO_2 排放量一般偏高，同时也说明多利用高能质的原（燃）料来调整企业的能源构成可以大幅度地减少 CO_2 排放量。

（3）高炉炼铁产生 CO_2

高炉炼铁是还原过程，把氧化铁还原成含有碳、硅、锰、硫、磷等的生铁，副产品有煤气和炉渣，排放 CO_2 过程如下：

①用 CO 还原（间接）：大于 570℃时，$Fe_2O_3 + CO \rightarrow Fe_3O_4 + CO_2 + 热\uparrow$，$Fe_3O_4 + CO \rightarrow FeO + CO_2 - 热\downarrow$，$FeO + CO \rightarrow Fe + CO_2 + 热\uparrow$；小于 570℃时，$Fe_2O_3 + CO \rightarrow Fe_3O_4 + CO_2 + 热\uparrow$，$Fe_3O_4 + CO \rightarrow Fe + CO_2 + 热\uparrow$。

②用固体碳还原（直接）：大于 570℃时，$Fe_2O_3 + C \rightarrow Fe_3O_4 + CO - 热\downarrow$，$Fe_3O_4 + C \rightarrow Fe + CO - 热\downarrow$，$FeO + C \rightarrow Fe + CO - 热\downarrow$；小于 570℃时，$Fe_2O_3 + C \rightarrow Fe_3O_4 + CO - 热\downarrow$，$Fe_3O_4 + C \rightarrow Fe + CO - 热\downarrow$。

高炉中由于碳的气化反应 $C + CO_2 \rightarrow 2CO$ 的存在，把直接还原与间接还原联系起来，总的效果是 $FeO + CO \rightarrow Fe + CO_2$、$CO_2 + C \rightarrow 2CO$，即 $FeO + C \rightarrow Fe + CO$。

（4）转炉/电炉炼钢产生 CO_2

炼钢过程是铁水中的碳氧化过程。炉料中过剩的碳被氧化，燃烧成 CO，其他 Si、P、Mn 等杂质氧化后熔入炉渣。当钢水成分和温度达到要求后，即可出钢。

CO_2 的产生与炼钢过程中产生的煤气有关。炼钢过程生成的 CO，随炉气一道从炉口冒出，如果炉口处没有密封，大量空气通过烟道口随炉气一道进入烟道，在烟道内空气中的氧气与炽热的 CO 发生燃烧反应，使 CO 大部分变成 CO_2。若回收炉气作为工厂能源的一个组成部分，则这种炉气叫转炉煤气。转炉煤气热值在 $7\,000 \sim 8\,400\ kJ/m^3$（含 CO 70%～80%），比高炉煤气要高得多（高炉煤气热值为 $2\,800 \sim 3\,500\ kJ/m^3$）。

（5）轧钢产生 CO_2

.钢锭坯不能直接作为其他工业生产的原材料，需要对其做进一步的塑性加工，制成各种形状并能满足各种用途的钢材。塑性加工，即用不同的工具对金属施加压力，使之产生塑性变形，制成具有一定尺寸形状的产品的加工方法。该工艺有以下方法：热轧法，将钢料加热到 $1\,000 \sim 1\,250\ ^\circ C$ 左右用轧钢机制成钢材；冷加工法，热轧后的钢材在再结晶温度下继续加工，使之成为冷加工钢材；锻压法，用锻锤、精锻机等将钢锭锻压成钢材；挤压法，将坯料装入挤压机的挤压筒中加压，使之从挤压筒的孔中挤出，形成比坯料料面小，并有一定断面形状的型材。上述 4 种方法中，热轧法是最主要的生产方法，约有 90%以上的钢采用该方法制成，在加热和热处理过程中，燃料燃烧提供热量中排放出 CO_2。

（6）石灰石焙烧产生 CO_2

同水泥生产过程。

（7）自备电厂原煤燃烧产生 CO_2

煤粉在锅炉内燃烧产生热能，水加热成汽水混合物推动汽轮机做功时排放出 CO_2：$C + O_2 \rightarrow$ 热量 $+ CO_2$。

3.4　重点行业 CO_2 排放统计指标选择

3.4.1　目标与方法

通过建立工业行业工厂级 CO_2 排放过程的示踪指标体系，采集计算该工厂 CO_2 排放量所需要的背景数据，根据行业经验、实测和有关研究的过程数据，计算出 CO_2 排放量。上述背景数据是工厂产生 CO_2 的生产过程数据，可采用示踪方法来设计指标体系。工厂内的生产工艺决定着厂内 CO_2 排放源的具体位置（或生产环节），生产工艺的不同则体现在生产设备及其布局上。工厂内物料消耗决定着厂内 CO_2 的排放量，物料消耗量在生产过程中由生产计划里确定的各类产量确定。CO_2 潜在的减排能力取决于工厂经营状况和生产设备的改进。

因此，工厂内 CO_2 排放量是由生产设备、产品生产量和物料消耗 3 个方面直接确定，CO_2 排放源的位置因工厂的生产工艺而异。工厂产生 CO_2 的过程可以抽象为图 3-6 中的模块。

（1）生产前。工厂需要制订生产计划，即年度（季度、月份、日）的生产规模，据此准备原料量与辅料量，或者依据产品、原料和辅料库存安排下一步的生产规模。

（2）生产中。采用既定的生产工艺，完成生产流程。

（3）生产后。产出物有产品与废物，废物包括 CO_2 和其他固体、液体和气体类的废弃物。

（4）在生产的前、中、后贯穿着工厂经营状况，这在某种程度上与该工厂 CO_2 的减排能力直接关系。

据此，示踪工厂内的 CO_2 整体情况的指标体系应当包括两个部分：（1）主体项：计算 CO_2 所必需的生产过程数据。（2）辅助项：有助于理解工厂内排放 CO_2 过程的必要背景数据。

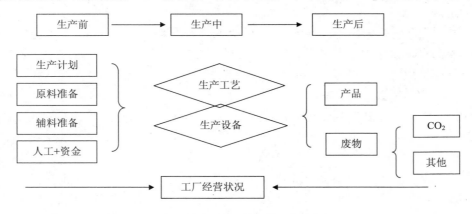

图 3-6　工厂内 CO_2 排放过程

3.4.2　指标选择原则

（1）可操作

设计的指标体系应当能够在工厂内采集到相关数据，有利于工厂改进生产工艺，也有利于行业主管部门出台相关政策减排 CO_2。

（2）条理清晰、简明扼要、准确

指标体系在结构上条理清晰，内容上简明扼要，便于工厂填写。根据"排放源—排放过程—排放量理论计算方法—需要采集的指标"来梳理指标体系，确保尽量对 CO_2 排放量进行系统判断，使其接近实际排放量，尽可能减少不确定性，达到足够的精度，为相关决策者提供有关统计信息完整性的合理保证。

（3）有利于提高计算 CO_2 排放量的精度

指标体系应当符合工厂生产过程，基于行业生产工艺。

（4）相关、完整和一致

确保 CO_2 排放清单能反映工厂内排放情况，统计和报告包括清单边界内所有 CO_2 排放源和活动。通过指标体系可以使用统一方法根据时间进行有意义的排放比较。

3.4.3　指标构成

3.4.3.1　主体指标项

（1）统计范围

一条产业链上有多个 CO_2 排放源，这需要确定：哪些是直接排放源，即属于在工厂内

排放的 CO_2，应当归入工厂统计范围内；哪些是间接排放源，排放源在其他工厂内，即产品中凝结着 CO_2 排放量，如果归入工厂统计范围内，则会造成统计工作上的重复。

间接 CO_2 排放产生于其他工厂所有的或控制的排放源，包括以下排放源的 CO_2 排放：工厂外购电力（燃料发电）；从其他工厂收购原料；第三方传统燃料和替代燃料的生产和加工；第三方的输入（原料、燃料）和输出；运输过程所需要燃料。间接排放的数据可用于评价一个产业链的总体环境绩效，但加入统计工厂内，会扩大 CO_2 排放量。为此，工厂内 CO_2 统计不包括上述间接排放源。

（2）物耗、设备、工序、产能

工厂内 CO_2 直接排放源一般与工厂的物耗、设备、工序和产能相关。对于生产同规格的单位数量产品产生的 CO_2，不同工厂间会相差较大，原因是各工厂的生产工艺有所差异，落后和先进的生产工艺又体现了生产设备和工序的差距。生产设备及辅助设备的技术参数和工序流程是确定单位产品 CO_2 排放量的关键。产能和物耗则确定了工厂内 CO_2 排放总量。

3.4.3.2　辅助指标项

（1）工厂基本信息

该指标项用于登记工厂名称、经营形式、联系方式、信息公开（网址）、注册资本金经济类型等信息，配合主体指标项使用，可以进行不同目标的数量分析，为 CO_2 减排政策和措施提供数据基础。

例如，将经济类型和经济形式与 CO_2 排放量配合使用，可以分析外商直接投资与 CO_2 排放量间的关系，进而判断是否存在发达国家或跨国公司向我国输入 CO_2 现象。根据工厂所在地来统计各地区的 CO_2 排放量，可以分析排放源的地域分布特征。通过分析 CO_2 排放量与注册资本金的关系，可以制定行业准入门槛。

（2）工厂经营简况

该指标项也是必要的辅助项，反映工厂正常生产年份的人力资源、销售收入及经营利润等状况，通过其可以对比不同工厂 CO_2 排放量与经营状况的关系，能够甄别出高排放、低效益的工厂，可以为 CO_2 排放控制政策的分析提供统计数据基础，提高"节能减排"政策的可操作性，也可以为工厂提供减排建议，尤其方便监管一些低收益高排放的工厂。

3.4.4　火电行业统计指标

火电厂生产过程完整的指标体系见表 3-20。

3.4.5　水泥行业统计指标

水泥生产过程完整的指标体系见表 3-21。

3.4.6　钢铁行业统计指标

钢铁生产过程完整的指标体系见表 3-22。

表3-20　火力发电厂（燃煤）CO₂排放源示踪统计表

填表日期	填表人	职称/职务	电话	E-Mail	审核人	职称/职务	电话	E-Mail
年　月　日								

1　公司基本信息

公司名称		企业代码			经济类型			
地址		邮编			经济类型：中外合资①□　外商独资□　国企□　集体□　民营□　中外合资□　港澳合投资□			
网址		电话		注册地	企业形式：有限责任□　股份有限□　股份合作制□　个人独资□			
传真		注册资本/万元			上市：未上市□　A股□　B股□　H股□　海外□			

2　统计范围

统计物料	原煤开采及运输□　原煤外购□　供热□　行政管理用电□　厂区生活用电□　煤气□　供冷□　附加产品：建材及化肥□
统计年度	年　月　日　—　年　月　日

3　发电设备及工艺

装机容量/（台数×万kW）	锅炉容量/[台数×（t/h）]	锅炉排污率/（%/容量）	锅炉热效率/（%/容量）	机组热耗量/（kJ/h）
机组设计供电标准煤耗/（g/kW·h）	汽轮发电机组热效率/%	机组平均负荷/（W/h）	机组汽耗率/[kg/（kW·h）]	机组热耗率/%　　汽轮机辅助设备耗电率/%
升压站主变压器容量/（台数×万kV·A）	电气主结线系统（结线，升压站）	热力系统（单元制，机组）	馈线/（条数×kV）	

燃煤	年初库存量/t	进库量/t	自备□　国家配置□　市场采购□　带料加工□	出库量/t	年末库存量/t
	燃煤设计品种规范/（kJ/kg，%）				年度消耗量/t

① □内打√。

煤折标准煤量/t	到厂实际燃料收到基水分/%	规定燃料收到基水分上限/%	储煤场容量/万t	煤场存损率/%
燃料盘点库存量/t	燃料盘点盈亏量/t	燃料检质率/%	煤炭质级不符率/% 煤质合格率/%	配煤合格率/%
干煤棚容量/万t	燃料检斤量/万t	燃料检斤率/%	燃料过衡率/%	燃料盈亏吨量/t
燃料运损率/%	燃料盈亏吨率/%	燃料盈亏吨率/%	燃料过衡率/%	燃料盈亏吨率/%
发电标煤用量	卸煤设备[台×(t/h)]	运输方式　铁路□　公路□　水运□　混合□	标煤发热量/(kJ/kg)	
	入厂煤入炉煤热量差/(kJ/kg)	入厂煤与入炉煤水分差/%	输煤(油)单耗、输煤(油)耗电率/%	燃煤平均发热量/(kJ/kg)
型式及煤粉仓数量	容积(个×m³)	磨煤机[台×(t/h)×kW]	排粉机[台×(t/h)×kW]	冷却循环水系统(冷却塔座数×m²)
锅炉给水设施[台×(t/h)×MPa]		化学水处理系统(凝聚、澄清、过滤、除盐、混床)	锅炉除渣设施(碎、捞渣，台×10 t/h)	
除灰设施泵，台×(t/h)，管φ]	灰场/万m³		发电油耗[G/(kW·h)]	燃料来源
发电用燃油量/t	燃油平均发热量/(kJ/kg)	燃油　自备□　国家配置□　市场采购□	机组供热量/GJ	自备□　国家配置□　市场采购□
生产用水量/t	生产用水循环率/%	燃气　自备□　国家配置□　市场采购□	机组供热量/汽轮机热耗率/%	发电气耗[V/(kW·h)] 发电用燃气量/m³
		厂用电率/%	发电量/亿kW·h	燃气平均发热量/(kJ/kg)
锅炉辅助设备耗电量/亿kW·h			上网电量/亿kW·h	

4　经营

资产总额/万元	所有者权益/万元	职工人数/人	调度关系　国家□　区域□　省级□　县(市)级□	发电企业隶属关系　央企□　中央电网□　省属其他□
销售收入[元/(kW·h)]	售电收入[元/(kW·h)]	经营利润/(元/kW·h)		

表3-21　水泥厂 CO_2 排放源示踪统计表

填表日期						
年　月　日						

填表人		职称/职务	审核人		职称/职务	
电话		E-Mail	电话		E-Mail	

1 公司基本信息

公司名称						
地址			E-Mail		网址	邮编
法人代表		职称/职务		电话		传真
注册地			注册资本/万元			

经济类型　中外合资① 外商独资□　国企□　民营□　集体□　中外合资□　港澳台投资□

上市　未上市□　A股□　B股□　H股□　海外□

企业形式　个人独资□　有限责任□　股份有限□　股份合作制□

2 统计范围

统计物料　生料及燃料运输□　水泥熟料煅烧□　余热发电□　其他余热利用□　水泥制备及发送□　原料开采及运输□　水泥生产辅助工艺过程□　厂区内车辆运输□　厂区外车辆运输□　行政管理用电□　厂区生活用电□

统计年度　年　月　日 — 年　月　日

3 生产设备与产能

主机设备名称	型号	规格	生产厂商	设备台数	均台时产量	总装机功率
生产设备及工艺						
石灰石破碎系统单段破碎□						
石灰石破碎系统两段破碎□						
原料制备系统立式磨□						
原料制备系统/管磨机（开路□ 闭路□）						
原料制备系统/辊压机□						
烧成系统/窑（立窑□ 回转窑□）						

① □内打√。

烧成系统分解炉		
烧成系统预热器		
烧成系统/窑尾废气冷却设备		
烧成系统/窑尾废气收尘设备		
烧成系统/窑头熟料冷却机		
烧成系统/窑头废气收尘设备		
水泥粉磨系统/立式磨		
水泥粉磨系统/立式磨管磨机（开路□ 闭路□）		
水泥粉磨系统/立式磨辊压机		

电力用量/（kW·h）

	熟料产能/（t/d）	发电机装机/MW	窑尾锅炉名称型号、规格	窑头锅炉名称型号、规格	汽轮机（名称型号、规格）	计算机控制系统
窑余热发电□						现场总线□ dcs□
纯低温余热发电□						其他：
带补燃锅炉余热发电□						

产能

	水泥熟料锻烧	余热发电	水泥制备及发送	水泥生产辅助工艺过程
年初库存量/t				
年末库存量/t				
购进量/t				
销售量/t				

燃料用量/t

	汽油	柴油	原煤（不含原料用煤）
年度消耗量/t			

生产原料用量	用料来源	CaCO₃含量/%	MgCO₃含量/%
石灰石	自备矿山□ 外购□		
硅铝质原料	自备矿山□ 外购□		
铁质原料	自备矿山□ 外购□		
硅质校正原料	自备矿山□ 外购□		
生料和燃料制备			

项目		
铝质校正原料	自备矿山□	外购□
混合料用量	自备矿山□	外购□
石膏	自备矿山□	外购□
矿渣	自备矿山□	外购□
粉煤灰	自备矿山□	外购□
火山灰质材料	自备矿山□	外购□
煤矸石	自备矿山□	外购□
原煤（不含动力用煤）	自备矿山□	外购□
其他	自备矿山□	外购□
	自备矿山□	外购□
熟料		

燃料	低位热值/(kJ/kg)
窑炉及物料烘干用燃料/t	
非窑炉用燃料/t	

产品名称	产品 GB 标准	年初库存/t	年度产量/t	年末库存/t	年度销售量/t
硅酸盐水泥					
普通硅酸盐水泥					
矿渣水泥					
粉煤灰水泥					
火山灰水泥					
复合水泥					
其他品种					

耗水量/t	生产用水/t	生活用水量/t

颗粒物排放浓度/(mg/m³)	二氧化硫排放浓度/(mg/m³)	氮氧化物排放浓度（以 NO₂ 计）/(mg/m³)

4 经营

工业产值/(元/t)	销售额/(元/t)	销售成本/(元/t)	经营利润/(元/t)	职工总数/人

表 3-22 钢铁厂 CO₂ 排放源示踪统计表

填表日期	填表人	电话	E-Mail	职称/职务	审核人	电话	E-Mail	职称/职务
年 月 日								

1 公司基本信息

公司名称（全称）				
地址		邮编		网址
法人代表		电话		传真

经济类型

注册地 中外合资□① 外商独资□ 国企□ 民营□ 集体□ 中外合资□ 港澳台投资□

注册资本/万元

上市

企业形式 个人独资□ 有限责任□ 股份有限□ 股份合作制□　未上市□ A股□ B股□ H股□ 海外□

2 统计范围

统计物料 炼焦□ 炼铁□ 炼钢□ 采矿□ 选矿□ 煤气□ 炉渣制建材□

统计年度 年 月 日 — 年 月 日

3 原料、设备、工序、产能

原料	品位/规格	年初库存量/t	进库量/t	出库量/t	年末库存量/t
铁矿石					
烧结矿					
球团矿					
石灰石（助熔剂）					
焦炭					
煤粉					
石油					
天然气/m³					
塑料					

① □内打√。

类别	统计指标
烧结	台时产量/[(t/h)·台]；固体燃料消耗/(kg/t)；烧结矿返矿率/%；煤气消耗/(m³/t)；电力消耗/(kW·h/t)；含铁原料消耗/(kg/t)
炼铁	生铁产量/t；高炉容量/(m³/座)；休风率/%；慢风率/%；高炉利用系数/[t/(m³·d)]；入炉品位/%；冶炼强度[t/(m³·d)]；综合焦比/(kg/t)；入炉焦比/(kg/t)；电力消耗/(kW·h/t)；煤比/(kg/t)；生铁合格率/%；铁合金 高炉口/电炉口
球团矿	台时产量/[(t/h)·台]；电力消耗/(kW·h/t)；黏结剂消耗/(kg/t)；铁精粉消耗/(kg/t)；熔剂消耗/(kg/t)；锰矿石消耗/(kg/t)；硅铁量/t；钢屑/(kg/t)；硅石/(kg/t)；成钢产量/t
炼焦	配煤比-煤气/%；配煤比-焦煤/%；结焦率/%；焦煤消耗量/t；煤气消耗量/m³；炼焦耗洗煤/(t/t)；焦炭产量/t
炼钢转炉口/炼钢电炉口	钢铁料消耗/(kg/t)；炉容量/(t/座)；氧气消耗/(m³/t)；铁水消耗/(m³/t)；电力消耗/(kW·h/t)；耐火材料消耗/(kg/t)；合金料消耗/(kg/t)；硅铁消耗/(kg/t)；锰铁消耗/(kg/t)；石灰消耗/(kg/t)
成材钢	产品名称；规格；产量/t
成材钢	产品名称；规格；产量/t
4 经营	产品名称；规格；产量/t；销售收入（元/t）；利润总额（元/t）；工业总产值（元/t）；职工总数/人
其他	

4 基于环境统计报表制度的 CO_2 排放量统计方法

4.1 火电行业统计指标体系与核算方法

4.1.1 环境统计报表结构与指标

4.1.1.1 企业层级

根据我国"十二五"环境统计报表制度对火电企业填报的要求，所有在役火电厂、热电联产企业（行业代码为 4411，包括垃圾和生物质焚烧发电厂），除了将总体情况指标填报在工业企业污染排放及处理利用情况表（基 101 表）外，还需将机组明细指标填报在火电企业污染排放及处理利用情况表（基 102 表）中，详见表 4-1。

表 4-1 火电企业污染排放及处理利用情况（基 102 表）

组织机构代码：□□□□□□□□-□（□□）
填报单位详细名称（公章）：
是否为企业自备电厂：是□ 否□   20 年

指标名称	计量单位	代码	本年实际						
甲	乙	丙	机组 1	机组 2	机组 3	机组 4	机组 5	机组 6	机组 7
编号	—	1							
装机容量	万 kW	2							
锅炉额定蒸发量	t/h	3							
机组投产时间	年月	4							
发电设备利用小时数	h	5							
发电量	万 kW·h	6							
供热量	万 GJ	7							
发电标准煤耗	g/（kW·h）	8							
燃料煤消耗量	万 t	9							
其中：发电消耗量	万 t	10							
供热消耗量	万 t	11							
燃料煤平均含硫量	%	12							
燃料煤平均灰分	%	13							
燃料煤平均干燥无灰基挥发分	%	14							
燃料煤平均低位发热量	kJ/kg	15							

燃料煤平均含碳量	%	16							
燃料油消耗量	t	17							
燃料油平均含硫量	%	18							
天然气消耗量	万 m^3	19							
煤气消耗量	万 m^3	20							
煤气中平均硫化氢浓度	mg/m^3	21							
煤矸石消耗量	t	22							
煤矸石平均含硫量	%	23							
煤矸石平均灰分	%	24							
其他燃料消耗量	t 标准煤	25							
其他燃料折标系数	—	26							
脱硫设施投产时间	年月	27							
脱硫工艺名称	—	28							
主要脱硫剂名称	—	29							
主要脱硫剂消耗量	t	30							
脱硫设施脱硫效率	%	31							
脱硫设施投运率	%	32							
脱硫副产物产生量	t	33							
脱硝设施投产时间	年月	34							
脱硝工艺名称	—	35							
脱硝设施脱硝效率	%	36							
脱硝设施投运率	%	37							
主要脱硝剂名称	—	38							
主要脱硝剂消耗量	t	39							
除尘设施投产时间	年月	40							
除尘工艺名称	—	41							
除尘设施除尘效率	%	42							
除尘设施投运率	%	43							
废气排放量	万 m^3	44							
二氧化硫产生量	t	45							
二氧化硫排放量	t	46							
氮氧化物产生量	t	47							
氮氧化物排放量	t	48							
烟（粉）尘产生量	t	49							
烟（粉）尘排放量	t	50							

单位负责人：　　　审核人：　　　填表人：　　　填表日期：20　　年　月　日

注：如需填报的机组数量超过 7 台可自行复印表格填写。指标间关系：9=10+11。

4.1.1.2　地区层级汇总

地区层级汇总情况可通过"十二五"环境统计报表制度中的综 103 表获取，详见表 4-2。

表 4-2　地区火电行业污染排放及处理利用情况（综 103 表）

行政区划代码：□□□□□□

综合机关名称：　　　　　20　　年

指标名称	计量单位	代码	本年实际
甲	乙	丙	1
企业数	个	1	
机组数	台	2	
其中：有脱硫设施的	台	3	
有脱硝设施的	台	4	
有除尘设施的	台	5	
装机容量	万 kW	6	
发电量	亿 kW·h	7	
供热量	万 GJ	8	
燃料煤消耗量	万 t	9	
其中：发电消耗量	万 t	10	
供热消耗量	万 t	11	
燃料煤平均含硫量	%	12	
燃料煤平均灰分	%	13	
燃料煤平均干燥无灰基挥发分	%	14	
燃料煤平均低位发热量	kJ/kg	15	
燃料煤含碳量	%	16	
燃料油消耗量	万 t	17	
燃料油平均含硫量	%	18	
天然气消耗量	万 m³	19	
煤气消耗量	万 m³	20	
煤气中平均硫化氢浓度	mg/m³	21	
煤矸石消耗量	t	22	
煤矸石平均含硫量	%	23	
煤矸石平均灰分	%	24	
其他燃料消耗量	万 t	25	
其他燃料含硫量	%	26	
脱硫副产物产生量	万 t	27	
废气排放量	万 m³	28	
二氧化硫产生量	t	29	
二氧化硫排放量	t	30	
氮氧化物产生量	t	31	
氮氧化物排放量	t	32	
烟（粉）尘产生量	t	33	
烟（粉）尘排放量	t	34	

单位负责人：　　　审核人：　　　填表人：　　　填表日期：20　年　月　日

4.1.2　与 CO_2 排放相关的指标

从环境统计报表基 102 表中整理出与计算火电厂 CO_2 排放量相关的指标，见表 4-3。

表 4-3 环境统计报表中可计算 CO_2 排放量指标——基表 102

代码	指标名称	计量单位	本年实际	代码	指标名称	计量单位	本年实际
61	1. 装机容量	万 kW		7	5. 燃料煤平均硫分	%	
62	2. 锅炉吨位	蒸吨/h		8	6. 燃料煤平均灰分	%	
63	3. 发电量	万 kW·h		9	7. 燃料煤挥发分	%	
64	4. 供热量	MJ		10	8. 低位发热量	kJ/kg	
67	7. 发电标准煤耗	g/（kW·h）		11	9. 重油平均硫分	%	
68	8. 煤炭消费量	万 t		12	其中：脱硫设施脱硫能力	t/a	
69	其中：发电消费量	万 t		13	16. 脱硫设施脱硫效率	%	
70	供热消费量	万 t		87	18. 二氧化硫排放浓度	mg/m³	
71	9. 燃油消费量	t		90	21. 二氧化硫去除量	t	
72	其中：重油	t		91	22. 二氧化硫排放量	t	
73	柴油	t					
74	10. 洁净燃气消耗量	万 m³					

4.1.3 环境统计报表对其他核算方法的支撑

4.1.3.1 相关统计核算方法异同

基于环境统计报表（综 103 表和基 102 表），方法与 EPA 和 IPCC 在统计边界、指标体系和计算方法上的比较见表 4-4。3 种方法的相同点是：基于燃料的种类、含碳量和排放因子等参数统计燃料燃烧过程的排放量，EPA 和基于环境统计报表方法对于脱硫排放计算基本相同。差异点：IPCC 采用了排放因子法，没有直接统计脱硫排放量，EPA 考虑了煤灰分和废料中的固定碳。

4.1.3.2 环境统计报表对相关统计方法的支撑

对 EPA 方法的支撑。使用 EPA 方法计算 CO_2 排放量需要燃煤消耗量、平均含碳量、平均含硫率、脱硫率等核心指标，环境统计报表能够为之提供相应数据。

对 IPCC 方法的支撑。由于 IPCC 方法使用排放因子法，环境统计报表提供了煤耗情况，若使用其默认排放因子则能计算出排放量。

环境统计报表中包含了计算 CO_2 排放量所需要的燃煤量及煤质工业分析或元素分析等关键指标，可以满足基于 C 元素平衡设计的统计核算方法；辅以默认排放因子，可以支撑基于排放因子设计的排放系数统计核算方法。

表 4-4 火电行业 EPA 和 IPCC 计算方法

CO₂排放统计方法	统计边界	指标体系	计算方法
EPA	燃料燃烧过程和脱硫过程	(1) W_{CO_2}——燃料排放的 CO₂，t/d；MW_C——C 的相对原子质量；MW_{O_2}——氧气的相对分子质量；W_C——C 的消耗量，取决于所用的燃料种类和使用数量。 (2) W_{NCO_2}——每天向大气中排出的净 CO₂ 量，t/d；W_{CO_2}——由式 G-1 计算得到的 CO₂ 日排放量；MW_{CO_2}——CO₂ 的相对分子质量（44），MW_C——C 的相对原子质量（12）；A%——煤样中灰分的含量（以重量百分比表示）；C%——灰分中碳的含量（以重量百分比表示）；W_{COAL}——公司记录里记录的煤炭日进量，t/d。 (3) W_{NCO_2}——由燃料引起的直接排入大气的 CO₂ 日排放量，t/d；0.99——碳的平均燃烧效率。 (4) W_{NCO_2}——燃烧排放的 CO₂ 量，t/d；MW_{CO_2}——CO₂ 的相对分子质量（44）；F_C——排放因子；H——每小时的发热量；U_f——1/385 scf CO₂/lb-mole at 14.7 psia and 68°F（标准气压和 68°F 下）。 (5) SE_{CO_2}——由脱硫产生的 CO₂ 排放量，t/d；W_{CaCO_3}——CaCO₃ 的日消耗量，t/d；F_u——1.00（Ca 和 S 的化学计量比，取 1）；MW_{CO_2}——CO₂ 的相对分子质量（44）；MW_{CaCO_3}——CaCO₃ 的相对分子质量（100）。	$$W_{CO_2} = \frac{(MW_C + MW_{O_2}) \times W_C}{2\,000 MW_C} \quad (G\text{-}1)$$ $$W_{NCO_2} = W_{CO_2} \times \left(\frac{MW_{CO_2}}{MW_C}\right)\left(\frac{A\%}{100}\right)\left(\frac{C\%}{100}\right) W_{COAL} \quad (G\text{-}2)$$ $$W_{NCO_2} = 0.99 W_{CO_2} \quad (G\text{-}3)$$ $$W_{NCO_2} = \left(\frac{F_C \times H \times U_f \times MW_{CO_2}}{2\,000}\right) \quad (G\text{-}4)$$ $$SE_{CO_2} = W_{CaCO_3} \times F_u \times \frac{MW_{CO_2}}{MW_{CaCO_3}} \quad (G\text{-}5)$$
IPCC	燃料燃烧过程	燃料种类及其排放因子	排放 CO₂ 燃料 =∑（燃料消耗燃料 i ×燃料 i 排放 CO₂ 因子
基于环境统计报表	燃料燃烧过程和脱硫过程	装机容量、锅炉吨位、发电量、发电标准煤耗、燃油消耗量、燃气消耗量、煤炭消耗量、脱硫效率、煤矸石消耗量、脱硫剂消耗量	(1) 燃烧产生的 CO₂ 排放量（t 或 m³）= 用煤（燃油或燃气）量（t 或 m³）×平均含碳量（%）× 44/12 (2) CO₂ 排放量（t）= 年用煤量（t）×平均含硫量（%）×脱硫率（%）× 44/32，或 CO₂ 排放量（t）= 脱硫剂消耗量（t）×碳酸钙含量（%）× 44/100

4.1.4 统计核算指标体系建构

4.1.4.1 C 元素转化过程

火电厂在排放 CO_2 过程中的 C 元素转化发生在燃烧和脱硫两个生产流程。在忽略炉渣中未燃烧的 C 元素、排放烟气中 CO、无组织 CO_2 排放等情况下，C 元素迁移的路线为：$C+C/CO_3^{2-} \rightarrow C/CO_2$。

（1）燃烧环节

燃煤中的 C 元素经氧化过程转移至 CO_2，见式 4-1。

$$C + O_2 = CO_2 \qquad (4\text{-}1)$$

（2）脱硫环节

脱硫剂中的 CO_3^{2-} 分解生成 CO_2，见式 4-2。

$$S + O_2 = SO_2,$$
$$SO_2（气）+ H_2O = H_2SO_3（液），$$
$$CaCO_3（液）+ H_2SO_3（液）= CaSO_3（液）+ H_2O + CO_2 \qquad (4\text{-}2)$$

4.1.4.2 指标体系

根据火电厂 C 元素迁移过程和环境统计报表可计算 CO_2 排放量指标，构建简洁的 CO_2 排放量统计核算指标体系，见表 4-5。

表 4-5 火电行业 CO_2 排放量统计核算报表

指标	单位	数量
燃煤消耗量	t	
燃煤排放因子	tCO_2/t 煤	
燃煤碳含量	%	
灰分量	%	
灰分碳含量	%	
$CaCO_3$ 消耗量	t	
脱硫量	t	
燃煤平均含硫率	%	
脱硫率	%	

4.1.5 统计核算方法设计

基于火电厂 CO_2 排放量统计核算指标体系，根据 C 元素平衡过程，建立其排放量计算方法。

4.1.5.1 燃烧产生 CO_2 环节

分完全燃耗和不完全燃烧过程中的 C 迁移路径，建立相应的 CO_2 排放量统计公式，见表 4-6。

表 4-6　燃烧环节 CO_2 排放量核算过程

	C迁移路径	化学方程式	环境统计指标						说明
完全燃烧 → CO_2	在燃烧环节，燃料（燃煤与其他燃料）C元素经氧化过程转移至 CO_2	$C+O_2 \rightarrow CO_2$	①+⑤						①代表燃料煤中的C元素；⑤代表其他燃料中的C元素；②代表燃料油中的C元素；③代表天然气中的C元素；④代表煤气中的C元素；C_F 代表燃料油含C量；C_{Gas} 代表天然气含C量；C_{CG} 代表煤气含C量
			①=RM×C_{RM}%	⑤=②+③+④					
					②=F×C_F%	③=Gas×C_{Gas}	④=CG×C_{CG}		
			燃料煤消耗量（RM）/t	燃料煤平均含碳量（C_{RM}）/%	燃料油消耗量（F）/t	天然气消耗量（Gas）/万 m^3	煤气消耗量（CG）/万 m^3		
不完全燃烧 → CO_2	在燃烧过程中，燃料（燃煤与其他燃料）C元素经氧化过程转移至 CO_2，部分C元素残留炉渣和废气中	$C+O_2 \rightarrow CO_2$	①+⑤-⑥-⑦						①代表燃料煤中的C元素；⑤代表其他燃料中的C元素；②代表燃料油中的C元素；③代表天然气中的C元素；④代表煤气中的C元素；C_F 代表燃料油含C量；C_{Gas} 代表天然气含C量；C_{CG} 代表煤气含C量；CA代表煤灰分C含量；CH代表废气C含量
			①=RM×C_{RM}	⑤=②+③+④				⑥=RM×A×CA	
					②=F×C_F	③=Gas×C_{Gas}	④=CG×C_{CG}	⑦=H×CH	
			燃料煤平均含碳量（C_{RM}）/%；燃料煤消耗量（RM）/t		燃料油消耗量（F）/t	天然气消耗量（Gas）/万 m^3	煤气消耗量（CG）/万 m^3	燃料煤平均灰分（A）/%；废气排放量（H）/万 m^3	

4.1.5.2　脱硫环节

根据脱硫环节过程中的 C 迁移路径，建立 CO_2 排放量统计公式，见表 4-7。

表 4-7　脱硫环节 CO_2 排放量核算过程

脱硫过程	C 迁移路径	在脱硫环节，石灰石中的 C 元素由于 CO_3^{2-} 离子的置换和分解，转移到 CO_2 中		
	化学方程式	$CaCO_3+SO_2+H_2O \rightarrow CO_2+CaSO_3+H_2O$		
	环境统计指标	①－⑦		①代表石灰石中 C 元素；②代表废气中 C 元素
		①=SHS×CSHS%	②=H×CH%	CSHS%为石灰石含 C 量；CH%为废气含 C 量
		主要脱硫剂消耗情况-石灰石（SHS）/t	废气排放量（H）/万 m^3	

4.2　水泥行业统计指标体系与核算方法

4.2.1　环境统计报表结构与指标

4.2.1.1　企业层级

根据我国"十二五"环境统计报表制度对水泥企业的填报要求，水泥企业（行业代码为 3011）除将总体情况指标填报在工业企业污染排放及处理利用情况表（基 101 表）外，还需将水泥窑明细指标填报在水泥企业污染排放及处理利用情况表（基 103 表）中。水泥企业若有自备电厂的，还需将自备电厂指标填报在火电企业污染排放及处理利用情况表（基 102 表），详见表 4-8。

表 4-8　水泥企业污染排放及处理利用情况（基 103 表）

组织机构代码：□□□□□□□□-□（□□）
填报单位详细名称（公章）：
曾用名：　　　　　　　　　　20　年

指标名称	计量单位	代码	本年实际	指标名称	计量单位	代码	本年实际
甲	乙	丙	1	甲	乙	丙	1
一、生产设施	—	—	—	三、主要产品	—	—	—
水泥生产线数	条	1		水泥总产量	万 t	5	
其中：新型干法生产线数	条	2		熟料总产量	万 t	6	
二、主要原辅材料	—	—	—	熟料中氧化钙含量	%	7	
石灰石（大理石）消耗量	万 t	3		熟料中氧化镁含量	%	8	
电石渣消耗量	万 t	4					
甲	乙	丙	水泥窑 1	水泥窑 2	水泥窑 3	水泥窑 4	水泥窑 5	水泥窑 6
编号	—	9						
水泥窑类型	—	10						
设计生产能力	t/d	11						
投产时间	年月	12						

指标名称	计量单位	代码						
熟料产量	万 t	13						
吨熟料标准煤耗	kg	14						
煤炭消耗量	t	15						
煤炭平均含硫量	%	16						
煤炭平均灰分	%	17						
煤炭平均干燥无灰基挥发分	%	18						
煤炭平均低位发热量	kJ/kg	19						
煤炭平均含碳量	%	20						
脱硝设施投产时间	年月	21						
脱硝工艺名称	—	22						
脱硝设施脱硝效率	%	23						
脱硝设施投运率	%	24						
主要脱硝剂名称	—	25						
主要脱硝剂消耗量	t	26						
除尘设施投产时间	年月	27						
除尘工艺名称	—	28						
除尘设施除尘效率	%	29						
除尘设施投运率	%	30						
废气排放量	万 m³	31						
二氧化硫产生量	t	32						
二氧化硫排放量	t	33						
氮氧化物产生量	t	34						
氮氧化物排放量	t	35						
烟（粉）尘产生量	t	36						
烟（粉）尘排放量	t	37						

单位负责人： 　审核人： 　填表人： 　　　填表日期：20 　年 　月 　日

注：如需填报的水泥窑数量超过 6 台可自行复印表格填写。指标间关系：1≥2。

4.2.1.2 地区层级汇总

地区层级汇总情况可通过"十二五"环境统计报表制度中的综104表获取，详见表4-9。

表4-9 地区水泥行业污染排放及处理利用情况（综104表）

行政区划代码：□□□□□□
综合机关名称：　　　　　　20 　年

指标名称	计量单位	代码	本年实际
甲	乙	丙	1
企业数	个	1	
水泥窑数	台	2	
其中：新型干法	台	3	
其中：有脱硝设施的	台	4	
有除尘设施的	台	5	
设计生产能力	t/d	6	
石灰石（大理石）消耗量	万 t	7	
水泥总产量	万 t	8	
熟料总产量	万 t	9	
煤炭消耗量	万 t	10	
煤炭平均含硫量	%	11	

煤炭平均灰分	%	12	
煤炭平均干燥无灰基挥发分	%	13	
煤炭平均低位发热量	kJ/kg	14	
煤炭含碳量	%	15	
废气排放量	万 m³	16	
二氧化硫产生量	t	17	
二氧化硫排放量	t	18	
氮氧化物产生量	t	19	
氮氧化物排放量	t	20	
烟（粉）尘产生量	t	21	
烟（粉）尘排放量	t	22	
单位负责人：	审核人：	填表人：	填表日期：20　年　月　日

4.2.2　与 CO_2 排放相关的指标

从环境统计报表基 103 表中整理出与计算水泥厂 CO_2 排放量相关的指标，见表 4-10。

表 4-10　环境统计报表中可计算 CO_2 排放量指标—基表 103

代码	指标名称	计量单位	本年实际	代码	指标名称	计量单位	本年实际
8	6. 工业煤炭消费量	t		18	12. 其他燃料消费量	t	
9	其中：燃料煤消费量	t		19	13. 工业锅炉数	台/蒸吨	
10	原料煤消费量	t		22	14. 工业炉窑数	座	
12	8. 燃料油消费量（不含车船用）	t		—	15. 主要产品生产情况	—	—
13	其中：重油	t		25	（1）		
14	柴油	t		26	（2）		
16	10. 洁净燃气消费量	万 m³		27	（3）		
17	11. 焦炭消费量	t					
主要燃料情况	燃料煤产地	燃料煤消费量/t	燃料煤硫分/%	燃料油名称	燃料油产地	燃料油消费量/t	燃料油硫分/%
燃料 1							
燃料 2							
燃料 3							
100	（2）冶炼废渣	t			105	（7）脱硫石膏	t
101	（3）粉煤灰	t					
102	（4）炉渣	t					

4.2.3　环境统计报表对其他核算方法的支持

4.2.3.1　相关统计核算方法异同

EPA 和 CSI 在统计核算水泥行业 CO_2 排放量时的统计边界、指标体系、计算方法的比较见表 4-11。2 种方法的相同点：以工艺流程作为统计边界，根据过程的原料、熟料和燃料来制定指标体系，以物料平衡法为主计算排放量，部分过程排放量使用排放因子方法。差异点：EPA 按照窑装置和工艺流程来区分排放统计数据，CSI 按照一般的工艺生产流程来制定统计边界，EPA 指标体系按季、月来采集数据，CSI 指标体系按年采集数据。

表 4-11　EPA、CSI 关于水泥行业 CO_2 排放计算对比

CO_2 排放统计方法	统计边界	指标体系	计算方法
EPA	(1) 各个窑煅烧过程的 CO_2 排放量；(2) 各个窑燃烧过程的 CO_2 排放量；(3) 窑之外的其他固定装置的 CO_2 排放量	(1) rm——原料量；TOC——原料中的有机碳含量；(2) CKD_{CaO}——季度非回收入窑 CKD 中 CaO 总含量；CKD_{ncCaO}——季度非回收入窑 CKD 中未煅烧 CaO 含量；CKD_{MgO}——季度非回收入窑 CKD 中 MgO 总含量；CKD_{ncMgO}——季度非回收入窑 CKD 中未煅烧 MgO 含量；(3) Cli_{CaO}——月度熟料中 CaO 的总含量；Cli_{ncCaO}——月度熟料中未煅烧的 CaO 的总含量；Cli_{MgO}——月度熟料中 MgO 的总含量；Cli_{ncMgO}——月度熟料中未煅烧的 MgO 含量；(4) Cli_j——水泥窑 m 在月份 j 的水泥窑生产的 CO_2 含量；EF_{Cli_j}——水泥窑 m 在月份 j 中没有回收入窑 CKD 的熟料排放因子；CKD_j——水泥窑 m 在季度 i 中没有回收入窑的水泥窑灰（CKD）；EF_{CKD_j}——水泥窑 m 在季度 i 度产生的 CKD 排放因子；(5) 一般指固定燃料燃烧源。	$$CO_{2CMF} = \sum_{m=1}^{k} CO_{2Cli,m} + CO_{2rm} \quad (H\text{-}1)$$ $$CO_{2Cli,m} = \sum_{j=1}^{p}\left[(Cli_{,j}) \times (EF_{Cli,j}) \times \frac{2\,000}{2\,205}\right] + \sum_{i=1}^{r}\left[(CKD_{,j}) \times (EF_{CKD,j}) \times \frac{2\,000}{2\,205}\right] \quad (H\text{-}2)$$ $$EF_{Cli} = (Cli_{CaO} - Cli_{ncCaO}) \times MR_{CaO} + (Cli_{MgO} - Cli_{ncMgO}) \times MR_{MgO} \quad (H\text{-}3)$$ $$EF_{CKD} = (CKD_{CaO} - CKD_{ncCaO}) \times MR_{CaO} + (CKD_{MgO} - CKD_{ncMgO}) \times MR_{MgO} \quad (H\text{-}4)$$ $$CO_{2rm} = \sum_{i=1}^{m} rm \times TOC \times \frac{44}{12} \times \frac{2\,000}{2\,205} \quad (H\text{-}5)$$
CSI	(1) 原料供应（采石、采矿、破碎）；(2) 原料制备、燃料及添加剂；(3) 窑操作（高温处理）；(4) 水泥粉磨、混合；(5) 内部运输；(6) 外部运输；(7) 内部发电；(8) 房屋加热/冷却	(1) 已产熟料 (t)，熟料中的氧化钙+氧化镁 (%)；生料中的氧化钙+氧化镁 (%)；(2) 水泥窑系统粉尘排放 (t)，熟料排放因子 (t CO_2/t 熟料)；(3) 粉尘分解率（%熟料），熟料 (t)，生料与熟料比 (t/t)；(4) 燃料消耗 (%)，总有机碳含量 (%)，低热值 (GJ/t)，排放因子 (t CO_2/GJ)	(1) 熟料：原料煅烧产生的 CO_2 应按已产熟料的数量和每吨熟料的排放因子计算。排放因子应按照实测熟料的实测氧化钙和氧化镁含量来确定并更正，缺省值 525 kg/t（以熟料计）的默认值。(2) 粉尘：旁路粉尘的相关体积和一个排放因子计算，水泥窑系统中的 CO_2 应根据相关体积和一个排放因子和每吨熟料的排放因子计算。排放因子应根据熟料数据体积和水泥窑产生的 CO_2，泥窑粉尘的默认排放因子或实测水泥窑系统的煅烧速率，其中（等式 1 中，EF_{CKD}＝部分煅烧水泥窑粉尘煅烧速率（t/t，以水泥窑尘计算）的排放因子，EF_{Cli}＝工厂级熟料排放因子（t CO_2/t 熟料），d＝水泥窑粉尘煅烧速率（作为生料中的碳酸盐 CO_2 的一部分表达的释放 CO_2，缺省值＝1）；(3) 原料中有机碳产生的 CO_2，CSI 工作小组收集的数据表明，生料中有机碳的典型数值约为 0.1%～0.3%（干基），这与约 10 kg/t 熟料含量相当，简化计算方法为：排放量＝默认值乘以熟料产生的 CO_2，排放量＝燃料消耗 (t) × 低热值（GJ/t）× 排放因子产生的 CO_2，排放量＝燃料消耗 × 低热值（GJ/t）× 排放因子（t CO_2/GJ）

4.2.3.2 环境统计报表对相关统计方法的支撑

对 EPA 方法的支撑。环境统计报表综 104 和基 103 表中包括了 EPA 计算流程所需要的生产熟料中 CaO 的总含量、生产熟料中 MgO 的总含量、水泥窑的熟料产生量、原料消耗量和水泥窑的个数等关键指标，未涉及 EPA 关于精确计算过程中涉及的生产熟料中未煅烧的 CaO 和 MgO 含量、原料中有机碳含量指标。对计算结果的影响：不考虑原料中的有机碳含量将导致 CO_2 排放量计算结果偏小；不考虑未煅烧的 CaO 和 MgO 含量将导致 CO_2 排放量计算偏大，但二者对最终排放量的影响较小。

对 CSI 方法的支撑。环境统计报表综 104 和基 103 表中包括了 CSI 计算流程所需要的生产熟料的数量、生料消耗量，未包括每吨熟料排放因子、消耗和转化成水泥窑的干生料数量、生料中包含的碳酸 CO_2 总数、生料中有机碳含量、来自传统矿物燃料的 CO_2、设备及现场车辆产生的 CO_2、外部发电消耗量、外部生成每单位所排放的 CO_2、熟料采购量、熟料销售量和购入熟料的排放系数等指标。如按现有环统报表填报，则无法计算出从窑系统分离的水泥窑粉尘经煅烧排放的 CO_2、生料中有机碳的 CO_2 排放量、来自窑炉燃料的 CO_2 排放量、来自非烧成用燃料的 CO_2 排放量和间接 CO_2 排放量，从而将导致 CO_2 排放量计算结果偏小。

4.2.4 统计核算指标体系建构

4.2.4.1 C 元素转化过程

水泥生产中 CO_2 排放主要由 C 原辅料（如石灰石）和燃料（如煤和燃油等）两大部分组成，又分布在以下两个过程中。

（1）原辅料转化

含 C 原料制成生料后，生料中的碳酸盐矿物分解 CO_2，生料中的非燃料 C（即有机 C）燃烧释放 CO_2。

①生料中碳酸盐矿物在煅烧时分解直接排放 CO_2。

$$CaCO_3 + 热量 \rightarrow CaO + CO_2 \uparrow$$
$$MgCO_3 + 热量 \rightarrow MgO + CO_2 \uparrow \tag{4-3}$$

②水泥窑炉排气筒排放烟气中含有一定量的粉尘，其中主要成分有未分解的碳酸盐矿物、CaO、MgO、Fe_2O_3、Al_2O_3、Na_2O、K_2O 等，这部分 CaO 和 MgO 在碳酸盐矿物分解中产生 CO_2 排放，同式 2-1。

③窑炉旁路放风粉尘中碳酸盐矿物完全分解释放 CO_2。收集后循环利用，剩余粉尘进入排气筒烟气排放出，因此，可以归入排放烟气一并计算。

④生料中非燃料 C 燃烧。生料中非燃烧 C 含量约为 0.1%～0.3%（干基）。

$$C + O_2 \rightarrow CO_2 \tag{4-4}$$

（2）燃料燃烧

用于煅烧和原材料烘干的燃料燃烧会释放 CO_2。

$$C+O_2 \rightarrow CO_2 \tag{4-5}$$

（3）脱硫环节

脱硫剂中的 CO_3^{2-} 分解生成 CO_2，

$$S+O_2 = SO_2,$$
$$SO_2（气）+H_2O = H_2SO_3（液），$$
$$CaCO_3（液）+H_2SO_3（液）= CaSO_3（液）+H_2O+CO_2 \tag{4-6}$$

4.2.4.2 指标体系构建

根据水泥厂 C 迁移过程和环境统计报表中可计算 CO_2 排放量指标，构建 CO_2 排放量统计核算指标体系，见表 4-12。

表 4-12　水泥行业 CO_2 排放量统计核算报表

指标名称	单位	数量	指标名称	单位	数量
范围 1			范围 2		
原料消耗量	t		熟料中 CaO 的总含量	%	
原料中有机碳含量	%		熟料中未煅烧的 CaO 含量	%	
石灰石用量	t		熟料中 MaO 的总含量	%	
石灰石中 $CaCO_3$ 百分比	%		熟料中未煅烧的 MaO 含量	%	
石灰石中 $MgCO_3$ 百分比	%		熟料产生量	t	
生料消耗量	t		范围 3		
生料中有机碳含量	%		未回收入窑的水泥窑灰产生量	t	
生料中碳酸 CO_2 的重量分数	%		未回收入窑的水泥窑灰中 CaO 的总含量	%	
范围 4			未回收入窑的水泥窑灰中未煅烧的 CaO 含量	%	
水泥窑的个数	个		未回收入窑的水泥窑灰中 MaO 的总含量	%	
旁路粉尘数量	t		未回收入窑的水泥窑灰中未煅烧的 MaO 含量	%	
水泥窑粉尘中碳酸 CO_2 的重量分数	%				
范围 5			范围 6		
年用煤（燃油或燃气）量	t		各类水泥产量	t	
平均含碳量	%		各类水泥的熟料比例	%	
燃料消耗	t				

4.2.5　统计核算方法设计

基于水泥厂 CO_2 排放量统计核算指标体系，根据 C 平衡过程，建立其排放量计算方法。

4.2.5.1 生料→熟料产生 CO_2

熟料生产环节排放的 CO_2 统计核算方法见表 4-13。

表 4-13　熟料煅烧环节 CO_2 排放量核算过程

生料煅烧 ↓ CO_2	C 迁移路径	生料煅烧过程中，碳酸钙和碳酸镁中的 C 元素由于 CO_3^{2-} 离子的分解，转移到 CO_2 中		
	化学方程式	$CaCO_3 \rightarrow CaO + CO_2$ $MgCO_3 \rightarrow MgO + CO_2$		
	环境统计指标	①+②		①代表碳酸钙中 C 元素；②代表碳酸镁中 C 元素
		①=SLCL×CaO%×12/56	②=SLCL×MgO%×12/40	
		熟料中氧化钙含量（CaO）/%	熟料总产量（SLCL）/t	熟料中氧化镁含量（MgO）/%	
生料中有机碳燃烧 ↓ CO_2	C 迁移路径	生料煅烧过程中，生料中的有机碳经燃烧转移到 CO_2 中		
	化学方程式	$C + O_2 == CO_2$		
	环境统计指标	SLCL×R×P		R 为生料/熟料比，P 为生料中有机碳含量
		熟料总产量（SLCL）/t		
水泥窑炉排气筒粉尘 ↓ CO_2	C 迁移路径	粉尘中由碳酸盐分解出 CaO 和 MgO，并逸出 CO_2		
	化学方程式	同 $CaCO_3$、$MgCO_3$ 分解		
	环境统计指标	FC×CFC%		CFC%代表粉尘含碳量，需要监测数据支持，可采用默认值 0.08～0.15 kgCO_2/t 熟料
		粉尘排放量（FC）/t		
窑炉旁路放风粉尘 ↓ CO_2		归入水泥窑炉排气筒粉尘→CO_2 合并计算		

4.2.5.2　燃料燃烧产生 CO_2

水泥厂燃料消耗排放 CO_2 的统计核算过程见表 4-14。

表 4-14　水泥厂燃料燃烧过程 CO_2 排放量统计核算过程

完全燃耗 ↓ CO_2	C 迁移路径	在燃烧环节，燃料（燃煤与其他燃料）C 元素（C）经氧化过程转移至 CO_2				
	化学方程式	$C + O_2 \rightarrow CO_2$				
	环境统计指标	①+⑤				①代表燃料煤中的 C 元素；⑤代表其他燃料中的 C 元素
		①=RM×C_{RM}	⑤=②+③+④			②代表燃料油中的 C 元素；③代表天然气中的 C 元素；④代表煤气中的 C 元素
			②=F×C_F	③=Gas×C_{Gas}	④=CG×C_{CG}	C_F 代表燃料油含碳量；C_{Gas} 代表天然气含碳量；C_{CG} 代表煤气含碳量
		燃料煤消耗量（RM）/t	燃料煤平均含碳量（C_{RM}）/%	燃料油消耗量（F）/t	天然气消耗量（Gas）/万 m^3	煤气消耗量（CG）/万 m^3	

不完全燃烧 ↓ CO_2	C迁移路径	在燃烧过程中，燃料（燃煤与其他燃料）C元素（C）经氧化过程转移至 CO_2 ，部分C元素残留炉渣和废气中							
	化学方程式	$C+O_2 \rightarrow CO_2$							
	环境统计指标	①+⑤-⑥-⑦							①代表燃料煤中的C元素；⑤代表其他燃料中的C元素；⑥代表灰分中的C元素；⑦代表废气中的C元素
		⑤=②+③+④							②代表燃料油中的C元素；③代表天然气中的C元素；④代表煤气中的C元素
		①=RM×C_{RM}	②=F×C_F	③=Gas×C_{Gas}	④=CG×C_{CG}		⑥=RM×A×C_A	⑦=H×C_H	C_F 代表燃料油含碳量；C_{Gas} 代表天然气含碳量；C_{CG} 代表煤气含碳量；C_A 代表灰分碳含量；C_H 代表废气碳含量
		燃料煤平均含碳量（C_{RM}）/%	燃料煤消耗量（RM）/t	燃料油消耗量（F）/t	天然气消耗量（Gas）/万 m^3	煤气消耗量（CG）/万 m^3	燃料煤平均灰分（A）/%	废气排放量（H）/万 m^3	

由于石灰石（大理石）品质不同， CO_3^{2-} %差距较大，在缺乏生料和生料中 CO_3^{2-} %指标时，难以通过其消耗量乘以 CO_3^{2-} %直接计算出C含量

4.3　钢铁行业统计指标体系与核算方法

4.3.1　环境统计报表结构与指标

4.3.1.1　企业层级

　　根据我国"十二五"环境统计报表制度对钢铁冶炼企业的填报要求，钢铁冶炼企业除将总体情况指标填报在工业企业污染排放及处理利用情况表（基101表）外，还需将烧结或球团明细指标填报在钢铁企业污染排放及处理利用情况表（基104表）中；若有自备电厂的，还需将自备电厂指标填报在火电企业污染排放及处理利用情况表（基102表）中，详见表4-15。

表4-15　钢铁冶炼企业污染排放及处理利用情况（基104表）

组织机构代码：□□□□□□□□-□（□□）
填报单位详细名称（公章）：
曾用名：　　　　　　　　　　20　　年

指标名称	计量单位	代码	本年实际	指标名称	计量单位	代码	本年实际
甲	乙	丙	1	甲	乙	丙	1
一、生产设施情况	—	—	—	外购国产矿	万t	17	
焦炉数	座	1		外购国产矿平均含硫量	%	18	
高炉数	座	2		进口矿	万t	19	

高炉总炉容量	m³	3		进口矿平均含硫量	%	20	
转炉数	座	4		熔剂/黏结剂消耗量	万t	21	
转炉公称总容量	t	5		其中：石灰石	万t	22	
电炉数	座	6		白云石	万t	23	
电炉公称总容量	t	7		焦炭消耗量	万t	24	
烧结机数	台	8		焦炭平均含硫量	%	25	
球团设备数	套	9		三、主要产品	—	—	—
二、主要原辅材料	—	—	—	生铁产量	万t	26	
炼焦煤消耗量	万t	10		生铁含碳量	%	27	
炼焦煤平均含硫量	%	11		粗钢产量	万t	28	
高炉喷煤量	万t	12		粗钢含碳量	%	29	
高炉喷煤平均含硫量	%	13		钢材产量	万t	30	
铁精矿消耗量	万t	14		焦炭产量	万t	31	
其中：自产矿	万t	15		焦炉煤气产生量	万m³	32	
自产矿平均含硫量	%	16		高炉煤气产生量	万m³	33	

甲	乙	丙	烧结机1	烧结机2	烧结机3	球团设备1	球团设备2	球团设备3	球团设备4
编号	—	34							
烧结机使用面积	m²	35				—	—	—	—
设备生产能力	万t/a	36							
烧结矿产量	万t	37				—	—	—	—
球团矿产量	万t	38	—	—	—				
铁精矿消耗量	万t	39							
铁精矿平均含硫量	%	40							
熔剂/黏结剂消耗量	万t	41							
烧结矿/球团矿平均含硫量	%	42							
固体燃料消耗量	万t	43							
其中：煤粉消耗量	万t	44							
煤粉平均含硫量	%	45							
焦粉消耗量	万t	46							
焦粉平均含硫量	%	47							
煤气消耗量	万m³	48							
其中：高炉煤气消耗量	万m³	49							
高炉煤气硫化氢浓度	mg/m³	50							
焦炉煤气消耗量	万m³	51							
焦炉煤气硫化氢浓度	mg/m³	52							
其他燃气消耗量	万m³	53							
脱硫设施投产时间	年月	54							
脱硫工艺名称	—	55							
主要脱硫剂名称	—	56							
主要脱硫剂消耗量	t	57							
脱硫设施脱硫效率	%	58							
脱硫设施投运率	%	59							

指标名称	计量单位	代码						
脱硫副产物产生量	t	60						
脱硝设施投产时间	年月	61						
脱硝工艺名称	—	62						
脱硝设施脱硝效率	%	63						
脱硝设施投运率	%	64						
主要脱硝剂名称	—	65						
主要脱硝剂消耗量	t	66						
除尘设施投产时间	年月	67						
除尘工艺名称	—	68						
除尘设施除尘效率	%	69						
除尘设施投运率	%	70						
废气排放量	万 m³	71						
其中：机头排放量	万 m³	72						
球团主抽风系统排放量	万 m³	73						
二氧化硫产生量	t	74						
二氧化硫排放量	t	75						
氮氧化物产生量	t	76						
氮氧化物排放量	t	77						
烟（粉）尘产生量	t	78						
烟（粉）尘排放量	t	79						

单位负责人：　　　审核人：　　　填表人：　　　　　　　　填表日期：20　年　月　日

注：如需填报的烧结机或者球团设备数量超过3台可自行复印表格填写。指标间关系：14=15+17+19，21≥22+23，43≥44+46，48=49+51+53，71≥72+73。

4.3.1.2　地区层级汇总

地区层级汇总情况可通过"十二五"环境统计报表制度中的综103表获取，详见表4-16。

表4-16　地区钢铁冶炼行业污染排放及处理利用情况（综105表）

行政区划代码：□□□□□□
综合机关名称：　　　　　　　20　年

指标名称	计量单位	代码	本年实际
甲	乙	丙	1
企业数	个	1	
焦炉数	座	2	
高炉数	座	3	
高炉总炉容	m³	4	
转炉数	座	5	
转炉公称总容量	t	6	
电炉数	座	7	
电炉公称总容量	t	8	
烧结机数	台	9	
其中：有脱硫设施的	台	10	
有脱硝设施的	台	11	

有除尘设施的	台	12	
球团设备数	套	13	
其中：有脱硫设施的	套	14	
有脱硝设施的	套	15	
有除尘设施的	套	16	
炼焦煤消耗量	万 t	18	
炼焦煤平均含硫量	%	19	
高炉喷煤量	万 t	20	
高炉喷煤平均含硫量	%	21	
铁精矿消耗量	亿 t	22	
其中：自产矿	亿 t	23	
自产矿平均含硫量	%	24	
外购国产矿	亿 t	25	
外购国产矿平均含硫量	%	26	
进口矿	亿 t	27	
进口矿平均含硫量	%	28	
熔剂/黏结剂消耗量	万 t	29	
其中：石灰石	万 t	30	
白云石	万 t	31	
焦炭消耗量	万 t	32	
焦炭平均含硫量	%	33	
生铁产量	亿 t	34	
生铁含碳量	%	35	
粗钢产量	亿 t	36	
粗钢含碳量	%	37	
钢材产量	亿 t	38	
焦炭产量	万 t	39	
煤气产生量	万 m³	40	
煤气利用量	万 m³	41	
烧结/球团生产情况	—	—	
烧结机使用面积	万 m²	42	
设备生产能力	亿 t/a	43	
烧结矿产量	亿 t	44	
球团矿产量	亿 t	45	
烧结/球团矿平均含硫量	%	46	
煤气消耗量	万 m³	47	
其中：高炉煤气消耗量	万 m³	48	
高炉煤气硫化氢浓度	mg/m³	49	
焦炉煤气消耗量	万 m³	50	
焦炉煤气硫化氢浓度	mg/m³	51	
其他燃气消耗量	万 m³	52	
废气排放量	万 m³	53	
其中：机头排放量	万 m³	54	
球团主抽风系统排放量	万 m³	55	

二氧化硫产生量	t	56	
二氧化硫排放量	t	57	
氮氧化物产生量	t	58	
氮氧化物排放量	t	59	
烟（粉）尘产生量	t	60	
烟（粉）尘排放量	t	61	

单位负责人：　　　审核人：　　　填表人：　　　　　　　填表日期：20　　年　　月　　日

4.3.2　与 CO_2 排放相关的指标

从环境统计报表基 104 表中整理出与计算水泥厂 CO_2 排放量相关的指标，见表 4-17。

表 4-17　环境统计报表中可计算 CO_2 排放量指标

指标名称	计量单位	代码	本年实际	指标名称	计量单位	代码	本年实际
炼焦煤消耗量	万 t	10		外购国产矿	万 t	17	
炼焦煤平均含硫量	%	11		外购国产矿平均含硫量	%	18	
高炉喷煤量	万 t	12		进口矿	万 t	19	
高炉喷煤平均含硫量	%	13		进口矿平均含硫量	%	20	
铁精矿消耗量	万 t	14		熔剂/黏结剂消耗量	万 t	21	
其中：自产矿	万 t	15		其中：石灰石	万 t	22	
自产矿平均含硫量	%	16		白云石	万 t	23	
烧结矿产量	万 t	37		煤气消耗量	万 m³	48	
球团矿产量	万 t	38	—	其中：高炉煤气消耗量	万 m³	49	
铁精矿消耗量	万 t	39		高炉煤气硫化氢浓度	mg/m³	50	
铁精矿平均含硫量	%	40		焦炉煤气消耗量	万 m³	51	
熔剂/黏结剂消耗量	万 t	41		焦炉煤气硫化氢浓度	mg/m³	52	
烧结矿/球团矿平均含硫量	%	42		其他燃气消耗量	万 m³	53	
固体燃料消耗量	万 t	43		焦粉消耗量	万 t	46	
其中：煤粉消耗量	万 t	44		焦粉平均含硫量	%	47	
煤粉平均含硫量	%	45		二氧化硫产生量	t	74	
主要脱硫剂消耗量	t	57		二氧化硫排放量	t	75	
脱硫设施脱硫效率	%	58		氮氧化物产生量	t	76	
脱硫设施投运率	%	59		氮氧化物排放量	t	77	
脱硫副产物产生量	t	60		烟（粉）尘产生量	t	78	
废气排放量	万 m³	71		烟（粉）尘排放量	t	79	

4.3.3　环境统计报表对其他核算方法的支持

4.3.3.1　相关统计核算方法异同

EPA、WSA 在统计核算钢铁行业 CO_2 排放量过程中的统计边界、指标体系、计算方法的比较见表 4-18。在上述方法中，相同点：以生产流程和设备来区分统计边界，WSA 与基于环境报表方法基本相同。差异点：设备和流程界定不同，EPA 以生产设备制定指标体系，WSA 以原料、燃料的种类制定指标体系，EPA 以物料守恒方法计算各个设备生产流程的 CO_2 排放量，WSA 以粗钢生产为边界统计直接排放和上游的所有能源的 CO_2 排放。

表 4-18　EPA、WSA 计算钢铁冶炼行业 CO₂ 排放量方法对比

CO₂排放统计方法	统计边界	指标体系	计算方法
EPA	铁矿石矿石加工，综合钢铁制造，综合钢铁制造不同步的炼焦过程，与综合钢铁制造不同步的电弧炉（电炉）炼钢过程	(1) CO₂——年度铁矿石硬化炉的二氧化碳排放量, t; 44/12——CO₂与C的相对分子（原子）质量之比; F_s——年度固体燃料燃烧量, t; C_{sf}——固体燃料的含碳量，来自于燃料分析（质量百分比，表示为一个小数，如 95%=0.95）; F_g——年度气体燃料燃烧量（标准条件下，scf）, ft³; C_{gf}——气体燃料的平均含碳量（来自于燃料分析结果）; MW——气体燃料的相对分子质量; MVC——摩尔体积换算因子; 0.001——从 kg 换算到 t 的换算系数; 849.5 scf/kg-mole; C_{lf}——液体燃料的含碳量（来自于燃料分析结果）, kg 碳/gal; O——年度铁矿石颗粒进炉量, t; C_O——铁矿石颗粒含碳量，来自于燃料分析结果（质量百分比，表示为一个小数）; P——年度钢炉燃煤量，质量百分比（来自于碳分析结果）; C_P——燃煤含碳量，来自于钢炉燃料分析结果，质量百分比，表示为一个小数; R——空气污染控制残留收集量, t; C_R——年度空气污染控制残留含碳量（质量百分比，表示为一个小数）。(2) CO₂——年度基本制氧过程中的二氧化碳排放量, t; 44/12——CO₂与C的相对分子（原子）质量之比; Iron——年度铁水进炉量; C_{Iron}——铁水碳含量，来自于碳分析结果（质量百分比，表示为一个小数）; Scrap——年度含铁废料进炉量, t; C_{Scrap}——含铁废料含碳量（来自于铁废料分析结果，质量百分比，表示为一个小数）; Flux——年度辅料含碳量; C_{Flux}——辅料碳含量（来自于碳分析结果，质量百分比，表示为一个小数）; Carbon——年度碳质原料（如石灰石、白云石）进炉量, t; C_{Carbon}——碳质原料的含碳量（来自于碳分析结果，质量百分比，表示为一个小数）; Steel——年度钢炉原钢液生产	$$CO_2 = \frac{44}{12} \times \left(F_s \times C_{sf} + F_g \times C_{gf} \times \frac{MW}{MVC} \times 0.001 + F_1 \times C_{1f} \times 0.001 + O \times C_O - P \times C_P - R \times C_R \right) \quad (Q\text{-}1)$$ $$CO_2 = \frac{44}{12} \times (Iron \times C_{Iron} + Scrap \times C_{Scrap} + Flux \times C_{Flux} + Carbon \times C_{Carbon} - Steel \times C_{Steel} - Slag \times C_{Slag} - R \times C_R) \quad (Q\text{-}2)$$

CO_2排放统计方法	统计边界	指标体系	计算方法
		量，t；C_{Steel}——原钢含碳量（来自于碳分析结果，质量百分比，表示为一个小数）；Slag——年度钢炉矿渣生产量，t；C_{Slag}——矿渣含碳量（来自于碳分析结果，质量百分比，表示为一个小数）；R——年度空气污染控制残留收集量，t；C_R——空气污染控制残留含碳量（来自于碳分析结果，质量百分比，表示为一个小数）。 (3) CO_2——年度无回收焦炉的二氧化碳排放量，t；44/12——CO_2与 C 的（原子）质量之比；Coal——年度炉组进煤量，t；C_{Coal}——煤含碳量（来自于碳分析结果，质量百分比，表示为一个小数）；Coke——年度焦炭组生产量，t；C_{Coke}——焦炭碳含量（来自于碳分析结果，质量百分比，表示为一个小数）；R——年度空气污染控制残留收集量，t；C_R——空气污染控制残留含碳量（来自于碳分析结果，质量百分比，表示为一个小数）。 (4) CO_2——年度烧结过程的二氧化碳排放量，t；44/12——CO_2与 C 的（原子）质量之比；F_g——年度气体燃料燃烧量，scf；C_{gf}——气体燃料气体分析结果，g 碳/kg 燃料；MW——气体燃料的相对分子质量；MVC——摩尔体积换算系数（标准条件下，849.5 scf/kg-mole）；0.001——从 kg 换算到 t 的换算因子；Feed——年度烧结原料质量，t；C_{Feed}——混合并进入烧结机的烧结原料含碳量（来自于碳分析结果，质量百分比，表示为一个小数）；Sinter——年度烧结产物量，t；C_{Sinter}——烧结产物的含碳量（来自于碳分析结果，质量百分比，表示为一个小数）；R——年度空气污染控制残留收集量，t；C_R——空气污染控制残留含碳量（来自于碳分析结果，质量百分比，表示为一个小数）。 (5) CO_2——年度电弧炉的二氧化碳排放量，t；44/12——CO_2与 C 的（原子）质量之比；Iron——年度直接还原铁（如有）的进炉量，t；C_{Iron}——直接还原铁的含碳量（来自于碳分析结果，表示为一个小数）；Scrap——年度含碳分析结果，质量百分比，表示为一个小数）；Scrap——年度含	$$CO_2 = \frac{44}{12} \times (Coal \times C_{Coal} - Coke \times C_{Coke} - R \times C_R) \quad \text{(Q-3)}$$ $$CO_2 = \frac{44}{12} \times \left(F_g \times C_{gf} \times \frac{MW}{MVC} \times 0.001 + Feed \times C_{Feed} - Sinter \times C_{Sinter} - R \times C_R \right) \quad \text{(Q-4)}$$ $$CO_2 = \frac{44}{12} \times (Iron \times C_{Iron} + Scrap \times C_{Scrap} + Flux \times C_F + Electrode \times C_{Electrode} + Carbon \times C_C - Steel \times C_{Steel} - Slag \times C_{Slag} - R \times C_R) \quad \text{(Q-5)}$$

CO₂排放统计方法	统计边界	指标体系	计算方法
		铁废料进炉量，t；C_{Scrap}——含铁废料含碳量（来自于碳分析结果，质量百分比，表示为一个小数）；Flux——年度辅量（如石灰石、白云石）进炉量，t；C_F——辅料碳含量（来自于碳分析结果，质量百分比，表示为一个小数）；Electrode——年度碳电极消耗量，t；$C_{Electrode}$——碳电极碳含量（来自于碳分析结果，质量百分比，表示为一个小数）；Carbon——年度碳质原料（如煤、焦炭，质量百分比，表示为一个小数）进炉量，t；C_C——碳质原料含碳量（来自于碳分析结果，质量百分比，表示为一个小数）；Steel——年度原钢液生产量，t；C_{Steel}——原钢含碳量（来自于碳分析结果，质量百分比，表示为一个小数）；Slag——年度矿渣产量，t；C_{Slag}——矿渣含碳量（来自于碳分析结果，质量百分比，表示为一个小数）；R——年度空气污染控制残留收集量，t；C_R——空气污染控制残留含碳量（来自于碳分析结果，质量百分比，表示为一个小数）。 （6）CO_2——年度氧气脱碳的二氧化碳排放量，t；44/12——CO_2与C的相对分子（原子）质量之比；Steel——年度钢水进炉量，t；$C_{Steelin}$——脱碳前钢水含碳量（来自于碳分析结果，表示为一个小数）；$C_{Steelout}$——脱碳后钢水含碳量（来自于碳分析结果，表示为一个小数）；R——年度空气污染控制残留收集量，t；C_R——空气污染控制残留含碳量（来自于碳分析结果，质量百分比，表示为一个小数）。 （7）CO_2——年度直接还原炉中碳原料的二氧化碳排放量，t；44/12——CO_2与C的相对分子（原子）质量之比；F_g——年度气体燃料燃烧量，scf；C_{gf}——气体燃料含碳量，来自于燃料分析结果，质量百分比，表示为一个小数；MW——气体燃料的相对分子质量；MVC——摩尔体积换算系数（标准条件下，849.5 scf/kg-mole）；0.001——从kg换算到t的换算因子；Ore——年度铁矿石或铁球团矿石进炉量，t；C_{Ore}——铁矿石或铁球团矿含碳量（来自于碳	$$CO_2 = \frac{44}{12} \times Steel \times (C_{Steelin} - C_{Steelout}) - R \times C_R \qquad (Q\text{-}6)$$ $$CO_2 = \frac{44}{12} \times \left(F_g \times C_{gf} \times \frac{MW}{MVC} \times 0.001 + Ore \times C_{Ore} + Carbon \times C_{Carbon} + Other \times C_{Other} - Iron \times C_{Iron} - NM \times C_{NM} - R \times C_R \right) \qquad (Q\text{-}7)$$

CO_2排放统计方法	统计边界	指标体系	计算方法
		碳分析结果，质量百分比，表示为一个小数；Carbon——一年度碳质原料（如煤、焦炭）进炉量，t；C_{Carbon}——碳质原料含碳量（来自于碳分析结果，表示为一个小数）；Other——一年度其他原料进炉量，t；C_{Other}——进炉的其他原料平均含碳量（来自于碳分析结果，质量百分比，表示为一个小数）；Iron——一年度铁产量（铁），t；C_{Iron}——铁含碳量（来自于碳分析结果，质量百分比，表示为一个小数）；C_{NM}——非金属材料含碳量（来自于碳分析结果，表示为一个小数）；R——空气污染控制残留收集量，t；C_R——空气污染控制残留的含碳量（来自于碳分析结果，表示为一个小数）。	
WSA	焦炉，烧结矿，高炉，转炉（电炉），铸造（石灰窑），蒸汽锅炉，冷轧（电厂），涂层（制氧厂）	焦煤，高炉喷煤，烧结转炉用煤，锅炉用煤，电炉用煤，熔融还原/直接还原用煤，焦炭，木炭，煤油，轻油，重油，天然气，石灰石，烧制石灰，白云石原料，烧制白云石，球团，电炉用电极，生铁，熔融，气基直接还原铁，煤基直接还原铁，氧化镍，金属镍，钼铁，电，蒸汽，氧气，氮气，氩气，焦炉煤气，高炉煤气，转炉煤气，用于水泥的高炉炉渣，用于水泥的转炉炉渣，外用的 CO_2，煤焦，粗苯	总 CO_2 排放量 = 范围 1 + 范围 2 + 范围 3 粗钢 总的粗钢产量 范围 1：直接排放 范围 2：上游能源排放 范围 3：其他上游排放量和购入 CO_2 强度 = 总 CO_2 排放量/总粗钢生产量
基于环境统计报表方法	烧结，炼焦，高炉，炼铁，转炉/电炉炼钢，石灰煅烧，轧钢，自备电厂	铁矿石，烧结矿，球团矿，石灰石（助熔剂），焦炭，煤粉，石油，天然气，塑料，石灰石消耗，固体燃料消耗，电力消耗，烧结矿返矿率，含铁原料消耗，焦炭消耗，电力消耗量，煤气消耗量，铁精粉消耗，铁精粉消耗，配煤比-焦炭，结焦率，焦炭耗托烧，焦炭产量，入炉焦比，综合焦比，煤炭托烧煤，焦炭产量，生铁产量，铁水消耗，电力消耗，钢铁料消耗，电力消耗，成材钢比，产量	(1) COC=Coal×Factor，式中，COC 是燃料燃烧排放出的 CO_2 数量，Coal 为燃料消耗量，Factor 为燃料排放因子；(2) COFe=CO/C×Factor，CO/C 是炼铁排放出的 CO_2 数量，COFe 是还原物料消耗量，COC 式中，COC Factor 为还原物料的排放因子；(3) COC=CGas×Factor，式中，COC 是转炉/高炉煤气燃烧排放出的 CO_2 数量，CGas 为煤气消耗量，Factor 为转炉/高炉煤气燃烧排放因子；(4) 石灰石煅烧，同水泥生产过程，Factor 为煤粉燃烧，同火电厂原煤燃烧，同火电厂生产过程；(5) 自备电厂原煤燃烧，同火电厂生产过程

4.3.3.2　环境统计报表对相关统计方法的支撑

对 EPA 方法的支撑。环境统计报表中包括碱性氧气转炉年度辅料进炉量，烧结过程的年度气体燃料燃烧量、年度烧结原料量和年度烧结产物量，无回收焦炉的年度炉组进煤量和年度焦炭炉组生产量，直接还原炉的年度铁产量和铁含碳量等 EPA 计算指标，而关于碱性氧气转炉年度铁水进炉量、铁水碳含量、年度含铁废料进炉量、年度碳质原料（如煤、焦炭）进炉量、碳质原料含碳量、年度锅炉原钢液生产量、年度锅炉矿渣生产量和年度空气污染控制残留收集量，无回收焦炉煤含碳量、焦炭碳含量和年度空气污染控制残留收集量、氩氧脱碳炉年度钢水进炉量和年度空气污染控制残留收集量，直接还原炉年度气体燃料燃烧量、气体燃料含碳量、气体燃料的相对分子质量、年度铁矿石或铁球团矿进炉量、年度碳质原料（如煤、焦炭）进炉量、碳质原料含碳量、年度其他原料进炉量、年度非金属材料产量和年度空气污染控制残留收集量等指标未涉及。若基于环境统计报表指标，则需要采纳部分默认值方可完成计算过程。

对 WSA 方法的支撑。环境统计报表中有焦煤、高炉喷煤、焦炭、石灰石、白云石原料、球团、生铁、高炉煤气和焦炉煤气等 WSA 计算过程涉及的指标，而烧结/转炉用煤、锅炉用煤、电炉用煤、溶剂还原/直接还原用煤、木炭、重油、轻油、煤油、液化气、天然气、烧制石灰、烧制白云石、电炉用电极、气基直接还原铁、煤基直接还原铁、镍铁、氧化镍、金属镍、铬铁、氧化钼、钼铁、电、蒸汽、氧气、氮气、氩气、转炉煤气、用于水泥的高炉渣、用于水泥的转炉渣、外用的 CO_2、煤焦油、粗苯等指标未涉及，环境统计报表指标无法满足按工业过程划分的细节计算过程。

4.3.4　统计核算指标体系建构

4.3.4.1　C 元素转化过程

（1）C 元素迁移平衡

输入：不含 C 的原辅料有铁矿石；含 C 的原辅料有溶剂或脱硫剂——石灰石；还原剂和热量有焦炭和喷煤。反应：炼焦（焦炭消耗量）—烧结—炼铁—炼钢—轧钢以及煤气运行过程。输出：铁（生铁含碳量）、钢（粗钢含碳量）、CO（未燃烧完的煤气中，量等于煤气产生量 – 煤气利用量）、CO_2 [CO 煤气燃烧而成（煤气利用量）、焦炭与喷煤直接燃烧而成]、废气排放中的 C。

可以看出 C 迁移主要发生在燃料煤、炼焦煤、焦炭、煤气（高炉煤气与焦炉煤气）、生铁材质、钢铁材质中，其中煤气是最重要的迁移载体之一，来源于燃料煤与炼焦煤。

（2）迁移过程

①C 元素在 Fe 中的迁移：铁矿石中一般不含 C 元素，在冶炼过程中，因加入不同比例 C 元素或形成生铁，或形成钢。

②C 元素在溶剂石灰石的迁移：在焙烧或脱硫过程，由 CO_3^{2-} 分解成 CO_2。

③C 元素在其他燃料中的迁移：同火电过程。

④C 元素在固定 C 中的迁移：

（a）煤气来源。

炼焦由炼焦煤生产焦炭，有焦炉煤气就有炼焦过程，焦炉煤气 C 元素来自炼焦煤的挥发分。

炼焦过程是洗精煤转换成焦炭、焦炉煤气以及各种化学产品的过程，是配合煤在隔绝空气的条件下进行加热干馏的过程。整个过程所产生的气体称为焦炉煤气，也称荒煤气，主要成分见表 4-19。

此时的 C 元素，一部分存在于焦炭中，另一部分由炼焦煤的挥发分成焦炉煤气。

表 4-19　焦炉煤气（干基）的组成和发热值

名称	组成（体积分数）/%								发热值/（kJ/m^3）
	H_2	CH_4	CO	C_mH_n	CO_2	N_2	O_2	其他	
焦炉煤气	55～60	23～27	5～8	2～4	1.5～3	3～7	0.3～0.8	H_2S，HHC	17 000～19 000

（b）高炉炼铁生产。

将烧结矿等含铁物料与焦炭（C）等由炉顶装入高炉，经风口鼓风（并伴有喷吹燃料）燃烧并发生升温和还原反应，形成液态过还原的含碳铁液和炉渣，并排出含有 CO_2、CO 等成分的高炉煤气生产过程。

$$C+O_2 = CO_2$$
$$2C+O_2 = 2CO$$
$$H_2O+C = CO+H_2$$
$$CO_2+C = 2CO \qquad (4-7)$$

铁、锰、硅、磷的氧化物直接还原生产一部分 CO。

$$FeO+C = Fe+CO$$
$$SiO_2+2C = Si+2CO$$
$$MnO+C = Mn+CO$$
$$\frac{1}{2}P_2O_5 + \frac{5}{2}C = P + \frac{5}{2}CO \qquad (4-8)$$

碳酸盐（熔剂/黏结剂消耗量）分解出 CO_2，其中部分硅酸盐分解放出的 CO_2 与碳作用生产 CO。

高压鼓风机鼓风，并且通过热风炉加热后进入了高炉，这种热风和焦炭助燃，产生的是 CO_2，CO_2 又和炙热的焦炭产生 CO，CO 在上升的过程中，还原了铁矿石中的铁元素，使之成为生铁。铁水在炉底暂时存留，定时放出用于直接炼钢或铸锭。这高炉气体中含有大量过剩的 CO，为高炉煤气，其主要成分是 CO、CO_2 和 N_2，主要成分见表 4-20。

表 4-20　高炉煤气（干基）的组成和发热值

名称	组成（体积分数）/%								发热值/（kJ/m^3）
	H_2	CH_4	CO	C_mH_n	CO_2	N_2	O_2	其他	
高炉煤气	1.5～3.0	0.2～0.5	23～27	—	15～19	55～60	0.2～0.4	灰	3 200～3 800

此时，C 元素由焦炭和燃料煤（喷煤）中的 C 元素转化为 CO、CO_2、燃料煤的挥发分的 C 元素，以及一部分存在于生铁中。

据分析，高炉炉内的 C 迁移规律是：进入高炉本体的 C 有近 99% 都来自于焦炭和煤粉，有近 90% 的 C 进入高炉煤气中，而进入铁水和其他渣体与气体的 C 仅占 10% 左右。

（c）转炉炼钢（转炉煤气）。

转炉炼钢包括了铁水预处理、转炉冶炼、二次冶金等过程。在这一过程中，过还原的高温含碳铁液，经吹氧转化为液态钢，液态铁水中的铁素转变为钢水，部分氧化为铁氧化物，成为粉尘并进入炉渣，而铁水中的碳在吹氧的作用下，排出蕴含 CO_2、CO 的转炉煤气。

氧气转炉炼钢过程中，碳的氧化按下列反应进行：

$$[C]+\frac{1}{2}O_2{=\!=}CO$$

$$[C]+CO_2{=\!=}2CO \tag{4-9}$$

根据冶金反应原理，炉气是指氧气转炉炼钢过程中铁水中的碳（一般含量约为 4.0%）和氧气作用后的产物，原料中的碳以一定的比例氧化成 CO、CO_2，以炉气形式排出，经炉口处吸入一定的空气形成烟气。转炉煤气成分及发热值见表 4-21。

表 4-21　转炉煤气（干基）的组成和发热值

名称	组成（体积分数）/%							发热值/（kJ/m^3）
	H_2	CO	C_mH_n	CO_2	N_2	O_2	其他	
转炉煤气	0.5～2.0	50～70	0.2～0.6	10～25	10～20	0.3～0.8	碳化物	7 500～8 780

此时，C 元素由生铁逸出成 CO 和 CO_2，成转炉煤气。

（d）煤气消耗（高炉煤气、焦炉煤气）。

在钢铁联合企业，煤气主要作为燃料供各生产工序用能设备加热利用，主要包括炼焦、烧结、炼铁、炼钢（含连铸）和轧钢等工序。由于各工序的功能各异，煤气在其中的利用方式、效果也不同。影响因素主要有：助燃空气（煤气）预热、设备的热效率和装入加热设备的物料温度变化等。

高炉煤气燃烧的化学反应方程式为：

$$2CO+O_2{=\!=}2CO_2 \tag{4-10}$$

焦化工序使用煤气主要是加热焦炉。

烧结过程是 C 元素以焦粉、煤粉等固体燃料形式与铁矿粉等混合，经煤气点火后，由烧结机转化为具有一定粒度和良好冶金性能的烧结矿，并排出 CO、CO_2 等气体。

炼铁工序消耗煤气主要是高炉热风炉用燃料，为高炉提供较高温度的热风。

根据炼钢工艺不同，分为转炉炼钢和电炉炼钢。在转炉冶炼过程中并不需要燃料加热，只有辅助设施（如钢包烘烤、中间包烘烤等）需要消耗少量煤气。

轧钢工序的煤气消耗主要是加热炉燃料消耗，连铸坯在轧制之前，需进行加热、均热、补热以提高连铸坯的塑性，使铸坯内外温度均匀，改变铸坯的结晶组织，从而达到轧制要求，生产出合格的钢材。

煤气用于发电。

资源化——制取氢气、甲醇（CH₃OH）或二甲醚（CH₃OCH₃）。

尾气，一部分 CO 随之烟气流排出。

此时，除随烟气逸出的 CO 外，C 元素成 CO_2 排放。

4.3.4.2 指标体系构建

根据钢铁冶炼厂 C 迁移过程和环境统计报表中可计算 CO_2 排放量指标，构建简洁的 CO_2 排放量统计核算指标体系，见表 4-22。

表 4-22 钢铁冶炼厂行业 CO_2 排放量统计核算报表

指标	单位	数量	计算表单		
			指标名称	单位	数量
焦煤（干基）	t		固体燃料燃烧量	t	
原煤燃烧量	t		固体燃料的含碳量	%	
焦炭（干基）	t		气体燃料燃烧量	m³	
木炭（干基）	t		气体燃料的平均含碳量	kg/kg 燃料	
天然气	m³		气体燃料的相对分子质量	g/mol	
石灰石（干基）	t		年度液体燃料燃烧量	加仑	
烧制石灰	t		液体燃料的含碳量	kg/加仑	
白云石原料（干基）	t		铁燧石颗粒进炉量	t	
烧制白云石	t		铁燧石颗粒含碳量	%	
球团	t		锅炉燃煤量	t	
电炉用电极	t		燃煤含碳量	%	
生铁	t		铁水进炉量	t	
气基直接还原铁	t		铁水碳含量	%	
煤基直接还原铁	t		含铁废料进炉量	t	
焦炉煤气	m³		含铁废料含碳量	t	
高炉煤气	m³		辅料（如石灰石、白云石）进炉量	%	
转炉煤气	m³		辅料碳含量	t	
氩氧脱碳炉的 CO_2 排放量	m³		碳质原料（如煤、焦炭）进炉量	%	
年度气体燃料燃烧量	m³		碳质原料含碳量	t	
气体燃料含碳量	%		锅炉原钢液生产量	%	
铁矿石或铁球团矿进炉量	t		原钢含碳量	t	
铁矿石或铁球团矿含碳量	t		锅炉矿渣生产量	%	
碳质原料（如煤、焦炭）进炉量	t		矿渣含碳量	t	
碳质原料含碳量	%		碱性氧气炉的 CO_2 排放量	%	
年度其他原料进炉量	t		炉组进煤量	t	
进炉的其他原料平均含碳量	%		煤含碳量	%	
铁产量	t		焦炭炉组生产量	t	
铁含碳量	%		焦炭碳含量	%	
非金属材料产量	t		无回收焦炉的 CO_2 排放量	t	0
非金属材料含碳量	%		气体燃料燃烧量	t	

指标	单位	数量	计算表单		
直接还原铁进炉量	t		烧结原料量	t	
直接还原铁的含碳量	%		混合并进入烧结机的烧结原料含碳量	%	
年度含铁废料进炉量	t		年度烧结产物量		
含铁废料含碳量	%		碳质原料（如煤、焦炭）进炉量	t	
年度辅料（如石灰石、白云石）进炉量	t		碳质原料含碳量	t	
辅料碳含量	%		原钢液生产量	m³	
碳电极消耗量	t		原钢含碳量	g/mol	
碳电极碳含量	%		年度矿渣产量	t	
钢水进炉量	t		矿渣含碳量	%	
脱碳前钢水含碳量	%				
脱碳后钢水含碳量	%				

4.3.5 统计核算方法设计

基于钢铁冶炼厂 CO_2 排放量统计核算指标体系，根据 C 素平衡过程，建立其排放量计算方法。

4.3.5.1 炼焦过程排放 CO_2

炼焦过程排放 CO_2 的统计核算过程见表 4-23。

表 4-23 钢铁冶炼厂炼焦过程 CO_2 排放量统计核算过程

<table>
<tr><td rowspan="7">炼焦过程↓CO_2</td><td>C 迁移路径</td><td colspan="4">炼焦煤中的 C 元素转移到焦炭和焦炉煤气中，部分逸出 CO_2</td></tr>
<tr><td>化学方程式</td><td colspan="4">C（炼焦煤）→C（焦炭）+C（焦炉煤气）</td></tr>
<tr><td rowspan="5">环境统计指标</td><td colspan="3">①－④</td><td>①炼焦煤中的 C 元素含量；④炼焦过程转移的 C 元素</td></tr>
<tr><td colspan="3">④=②+③</td><td rowspan="2">②为生产焦炭中的 C 元素；③代表焦炉煤气中的 C 元素</td></tr>
<tr><td>①=JM×C_{JM}</td><td>②=JTC×C_{JTC}</td><td>③= JLMQ×C_{JLMQ}</td><td rowspan="2">C_{JM} 为炼焦煤含 C 量；C_{JTC} 为生产焦炭含 C 量；C_{JLMQ} 为焦炉煤气含 C 量</td></tr>
<tr><td>炼焦煤消耗量（JM）/t</td><td>焦炭产量（JTC）/t</td><td>焦炉煤气产生量（JLMQ）/万 m³</td></tr>
</table>

4.3.5.2 高炉炼铁排放 CO_2

高炉炼铁过程排放 CO_2 统计核算过程见表 4-24。

4.3.5.3 转炉炼钢排放 CO_2

转炉炼钢过程排放 CO_2 的统计核算过程见表 4-25。

表 4-24　钢铁冶炼厂高炉炼铁过程 CO₂ 排放量统计核算过程

	C 迁移路径	经过焙烧过程，铁精矿、焦炭，焦炭、焦粉和石灰石中的 C 元素转移到生铁和高炉煤气中，部分逸出 CO₂
高炉炼铁→CO₂	化学方程式	5C（原料和燃料）+2O₂+H₂O→C（生铁）+CO₂+3CO+H₂
	环境统计指标	$⑦=①+②+③+④$　　$⑧=⑤+⑥$　　$⑦-⑧$

环境统计指标明细：

①=TJK×C_{TJK}	②=JTX×C_{JTX}	③=MF×C_{MF}	④=SHS×C_{SHS}	⑤=STC×C_{ST}	⑥=GLMQ×C_{GLMQ}
铁精矿消耗量（TJK）/t	焦炭消耗量（JTX）/t	煤粉消耗量（MF）/t	石灰石消耗量（SHS）/t	生铁产量（STC）/t；生铁含碳量（CST）/%	高炉煤气产生量（GLMQ）/万 m³

注：①代表铁精矿中的 C 元素；②代表焦炭中的 C 元素；③代表煤粉中的 C 元素；④代表生石灰石中的 C 元素；⑤代表生铁中的 C 元素；⑥代表高炉煤气中的 C 元素；⑦代表原料和燃料中 C 元素；⑧代表炼铁产品中的 C 元素。

C_{TJK} 代表铁精矿含碳量；C_{JTX} 代表消耗焦炭含碳量；C_{MF} 代表煤粉含碳量；C_{SHS} 代表石灰石含碳量；C_{GLMQ} 代表高炉煤气含碳量。

表 4-25　钢铁冶炼厂转炉炼钢过程 CO₂ 排放量统计核算过程

	C 迁移路径	炼钢过程中，生铁中的 C 元素部分转移到粗钢当中，部分逸出 CO₂ 和 CO，形成转炉煤气
转炉炼钢→CO₂	化学方程式	4C（生铁）+2O₂→C（粗钢）+CO₂+2CO
	环境统计指标	$④=②+③$　　$①-④$

环境统计指标明细：

①=STC×C_{ST}	②=CG×C_{CG}	③=ZLMQ×C_{ZLMQ}
生铁产量（STC）/t；生铁含碳量（CST）/%	粗钢产量（CG）/%；粗钢含碳量（CCG）/%	转炉煤气产生量（ZLMQ）/万 m³

注：①代表生铁中的 C 元素；②代表粗钢中的 C 元素；③代表转炉煤气中的 C 量；④代表炼钢产品中的 C 元素。

C_{ZLMQ} 代表转炉煤气含 C 量。

4.3.5.4 其他流程和其他燃料燃烧排放 CO_2

后续的轧钢流程 CO_2 排放由供热源排出，其中一部分由煤气提供，其他燃料燃烧同火电。需要注意的是：煤气产生量由焦炉煤气产生量（JLMQ）、高炉煤气产生量（GLMQ）、转炉煤气产生量（ZLMQ）决定，在没有外购煤气、煤气完全消耗情况下，煤气产生量 = 煤气利用量。

5 火电行业 CO_2 排放统计案例

5.1 环境统计数据质量审核

5.1.1 数据审核

5.1.1.1 环境统计数据审核总体要求

根据"十二五"环境统计数据审核细则，需要对火电企业必须填报的基 102 表进行审核，包括完整性、规范性、重要代码准确性、突变指标、逻辑关系、合理性 6 个方面。

（1）逻辑关系审核

"发电量（供热量折算发电量）– 煤耗量（发电 + 供热煤耗量）– 二氧化硫产生量 – 脱硫剂消耗量 – 脱硫石膏产生量 – 二氧化硫去除量"变化趋势是否合乎逻辑。

（2）利用核算公式进行逻辑关系审核

"发电量"是否与"装机容量 × 发电设备利用小时数"基本接近，"发电燃煤量"是否与"发电量 × 发电标准煤耗/折标系数"基本接近，"供热燃煤量"是否与"供热量 × 40/折标系数"基本接近，"燃煤量（发电 + 供热）× 燃煤平均硫分 × 0.85 × 2 + 燃油量 × 重油平均硫分 × 2"是否与"上报二氧化硫产生量（上报二氧化硫排放量 + 去除量）"基本接近。

（3）合理性审核

装机容量、发电量、厂用电率、发电标准煤耗、发电设备利用小时数等反映机组情况的重要指标填报值是否合理，脱硫/脱硝机组装机容量占总装机容量的比率是否合理，装机容量与锅炉吨位对应关系是否合理，根据发电量和发电煤耗核算的发电标准煤耗是否合理。

对汇总的火电行业综 103 表审核时，在合理性方面的审核内容包括①与统计部门相关数据相匹配：审核环境统计数据与统计部门公布的煤炭消耗量、相关产品产量数据是否符合逻辑对应关系。②地区或行业平均排放水平：地区或行业的污染物平均排放浓度是否合理，地区或行业的废水排放量占新鲜用水量平均比率是否合理，地区或行业的污染物平均排放强度是否合理。③重点行业平均产排污系数：火电行业平均产排污系数是否合理。④非重点估算合理性：审核主要污染物非重点比例是否过高或过低，审核非重点部分煤炭消耗情况是否合理。⑤行业汇总表与相关部门数据匹配性审核：审核火电行业汇总发电量、装机容量、煤炭消耗量等指标与各地区统计公报数据、电力部门数据是否匹配。

5.1.1.2　火电行业数据审核

（1）审核流程

采用基于环境统计报表计算 CO_2 排放量的方法时，首先需要对环境统计数据展开审核，以提高计算结果的准确度和可信性，审核应从完整性、合理性和正确性三个层面展开，审核流程见图 5-1。其中，完整性是指计算 CO_2 排放量所需要的发电量（供热量）、燃料煤消耗量、脱硫量等关键数据是否完整；合理性是指计算 CO_2 排放量所需要的燃料煤平均含硫量、燃料煤平均含碳量、燃料煤平均低位发热量等关键数据填报是否在合理的阈值范围内；正确性是指计算 CO_2 排放量的精度，通过计算 CO_2 排放量/发电量（燃料煤消耗量）的比值，相互校验，或与其他来源的数据相比较。

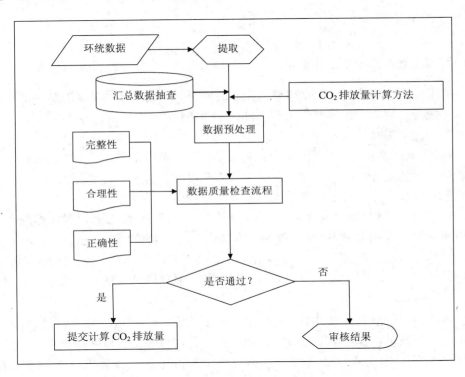

图 5-1　基于环境统计报表计算的数据审核

（2）审核表单

数据审核过程中逻辑关系及要点涉及的检查项、检查内容、指标、检验方法、问题性质、检验指标、对 CO_2 计算过程的影响、检查结论描述、操作建议和备注等见表 5-1，数据审核结果输出格式见表 5-2。

表 5-1 火电行业 CO₂ 排放量数据库检查内容

流程	检查内容	指标	检验方法	问题性质	检验指标	对 CO₂ 计算过程的影响	检查结论描述	操作建议	备注
步骤 1	完整性 计算 CO₂ 排放量关键数据是否完整	(1) 燃料煤平均低位发热量; (2) 燃料煤消耗量; (3) 燃料煤平均含碳量; (4) 主要脱硫剂消耗量; (5) 二氧化硫产生量	有无	关键数据缺失，无法使用物料平衡法计算 CO₂ 排放量	燃料煤消耗量	燃料燃烧 CO₂ 排放量计算无法计算	缺失燃料煤消耗量指标，无法使用物料平衡法计算出燃料燃烧 CO₂ 排放量	补充燃料煤消耗量	
					燃料煤平均含碳量		缺失燃料煤平均含碳量指标，无法使用物料平衡法计算出燃料燃烧 CO₂ 排放量	补充燃料煤平均含碳量	
					主要脱硫剂消耗量／二氧化硫产生量（二者须有一）	脱硫 CO₂ 排放量无法计算	缺失主要脱硫剂消耗量或二氧化硫产生量，无法使用物料平衡法计算出脱硫 CO₂ 排放量	(1) 补充主要脱硫剂消耗量或二氧化硫产生量; (2) 补充主要脱硫剂消耗量;	(1) 只有主要脱硫剂消耗量，补充二氧化硫产生量; (2) 只有二氧化硫产生量，补充主要脱硫剂消耗量; (3) 两个都缺，补两个
			有无	关键数据缺失，无法使用排放系数法计算 CO₂ 排放量	(1) 按燃料质量计算（单位煤炭燃烧排放 CO₂）; 燃料煤消耗量;		(1) 缺失燃料煤消耗量无法使用排放系数法计算 CO₂ 排放量;		
					(2) 按燃料热值计算（低位发热量排放 CO₂）; 燃料煤热耗量; 燃料煤平均低位发热量		(2) 缺失燃料煤平均低位发热量无法使用排放系数法计算 CO₂ 排放量	补充燃料煤平均低位发热量	

流程	检查项	检查内容	指标	检验方法	问题性质	检验指标	对 CO_2 计算过程的影响	检查结论描述	操作建议	备注
步骤2	合理性	计算 CO_2 排放量关键数据填报是否合理	总量指标 (1) 燃料煤消耗量; (2) 主要脱硫剂消耗量; (3) 二氧化硫产生量	数据单位混淆	填报数据不合理	燃料煤消耗量	燃料燃烧 CO_2 排放量计算有误	燃料煤消耗量数据填报不合理	复核燃料煤消耗量	燃煤消耗量10 000值异常，则说明"万吨"与"吨"的混淆
						主要脱硫剂消耗量	脱硫 CO_2 排放量计算有误	主要脱硫剂消耗量填报不合理	复核主要脱硫剂消耗量	(1) 主要脱硫剂消耗量的上限＝燃料煤消耗量×64/32; (2) 主要脱硫剂消耗量/10 000＜0.000 1
						二氧化硫产生量	脱硫 CO_2 排放量计算有误	二氧化硫产生量填报不合理	复核二氧化硫产生量	(1) 二氧化硫产生量的上限＝燃料煤消耗量×64/32; (2) 二氧化硫产生量/10 000＜0.001
步骤3	正确性	基于填报数据计算 CO_2 排放量是否超出正常阈值	比例（率）指标 (1) 燃料煤平均含碳量; (2) 燃料煤平均低位发热量	是否超出参考阈值	超出阈值	(1) 燃料煤平均含碳量 (%) (2) 燃料煤平均低位发热量	燃料燃烧 CO_2 排放量计算有误	(1) 燃料煤平均含碳量超出阈值 (2) 燃料煤平均低位发热量超出阈值	复核燃料煤平均含碳量 复核燃料煤平均低位发热量	(1) 燃料煤平均含碳量（%）：[30, 90]; (2) 燃料煤平均低位发热量 （kJ/kg）：[10 000, 30 000]
		基于填报数据计算 CO_2 排放量的精度	单位燃料煤消耗 CO_2 排放因子 (kgCO_2/kg燃料煤)	是否超出参考阈值	排放因子超出阈值	按燃煤单位重量	CO_2 排放精度计算不足	CO_2 数据质量不高，对 CO_2 排放精度计算有较大影响	检查填报数据	
			燃料煤低位热值排放因子 (kg/TJ)	是否超出参考阈值		按燃料煤低位热值	CO_2 排放精度计算不足	CO_2 数据质量不高，对 CO_2 排放精度计算有较大影响		

表 5-2　火电行业 CO_2 排放量数据审核结果输出格式表

序号	公司名	是否通过审核（是/否）	数据问题及操作建议								
			完整性			合理性			正确性		
			问题1性质	检查结论描述	操作建议	问题2性质	检查结论描述	操作建议	问题3性质	检查结论描述	操作建议

（3）审核结果

　　企业在填报环境统计数据时常存在的问题有：①燃料煤平均含碳量数据缺失；②燃料煤平均低位发热量数据超出合理阈值；③燃料煤消耗量和主要脱硫剂消耗量数据单位换算有误。

5.2　企业层级计算

5.2.1　典型企业计算案例——HD1

5.2.1.1　背景数据收集

　　背景数据可从厂内常用表格收集企业的基本情况、燃料消耗状况、脱硫设施运行情况。

（1）总体情况

　　发电企业关于资产及财务状况、生产与销售、单位电能投资等基本情况可从表 5-3 获到。

表 5-3　××发电企业基本情况表

公司名称：

项目	行次及关系	（　　）年
企业所有权类型	1	
企业组织形式	2	
股东名称及股比	3	
一、资产及财务状况/万元	4	
1．固定资产	5	
2．流动资产	6	
3．递延资产	7	
4．无形资产	8	
5．所有者权益（净资产）	9	
其中：实收资本	10	

其中：国家资本	11	
6．税目及税率	12	
二、生产与销售/（万 kW，万 kW·h）	18	
1．投产日期	19	
2．机组数量（台）	20	
3．单机装机容量	21	
4．年利用小时数/h	22	
（1）设计年利用小时数	23	
（2）上年年利用小时数	24	
（3）多年平均年利用小时数（自投产至上年）	25	
（4）前 3 年平均年利用小时数	26	
5．年发电量	27	
（1）设计年发电量	28	
（2）上年年发电量	29	
（3）多年平均年发电量（自投产至上年）	30	
（4）前 3 年平均年发电量	31	
6．发电厂用电率	32	
（1）设计发电厂用电率	33	
（2）上年发电厂用电率	34	
（3）多年平均发电厂用电率（自投产至上年）	35	
（4）前 3 年平均发电厂用电率	36	
7．年供电量	37	
（1）设计年供电量	38	
（2）上年年供电量	39	
（3）多年平均年供电量（自投产至上年）	40	
（4）前 3 年平均年供电量	41	
8．供电线损率	42	
（1）设计供电线损率	43	
（2）上年供电线损率	44	
（3）多年平均供电线损率（自投产至上年）	45	
（4）前 3 年平均供电线损率	46	
9．综合厂用电率	47	
（1）设计供电线损率	48	
（2）上年综合厂用电率	49	
（3）多年平均综合厂用电率（自投产至上年）	50	
（4）前 3 年平均综合厂用电率	51	
10．年上网电量	52	
（1）设计年上网电量	53	
（2）上年年上网电量	54	
（3）多年平均年上网电量（自投产至上年）	55	
（4）前 3 年平均年上网电量	56	
11．现执行上网电价（元/kW·h）	57	
三、投资总数/万元	58	
四、单位电能投资/（元/kW·h）	59	
五、职工总人数/人	60	

（2）燃料消耗

　　发电企业的燃料消耗情况可从火电企业煤质分析报告、燃料成本明细、企业能源审计报告等信息源中获取相关数据。

表 5-4 ××火电企业××年入炉煤煤质统计（1）

月份	135 MW 煤量/t	330 MW 煤量/t	低位发热量 $Q_{net,ar}$/（kJ/g）		氢 H_{ar}/%		内水 M_{inh}/%		水分 $M_{t,ar}$/%		挥发分 V_{ar}/%		灰分 A_{ar}/%		硫分 $S_{t,ar}$/%	
			135 MW	330 MW	135 MW	330 MW	135 MW	330 MW	135 MW	330 MW	135 MW	330 MW	135 MW	330 MW	135 MW	330 MW
1月																
2月																
3月																
4月																
5月																
6月																
7月																
8月																
9月																
10月																
11月																
12月																
小计																
合计																

表 5-4   ××火电企业全年入厂煤粉样检测结果（2）

	检测项目	空气干燥基（ad）	干燥基（d）	收到基（ar）	上表加权收到基折检测值	上表年累计加权
工业分析	全水分 M/%					
	水分 M/%					
	灰分 A/%					
	挥发分 V/%					
	固定碳 FC/%					
	焦渣特性					
	灰渣可燃物 CM/%					
发热量	弹筒发热量 Q_b/（kJ/kg）					
	高位发热量 Q_{gr}/（MJ/kg）					
	低位发热量 Q_{net}/（MJ/kg）					
元素分析	全硫 S_t/%					
	碳 C/%					
	氢 H/%					
	氮 N/%					
	氧 O/%					
	煤含碳量 C（固定碳和挥发分中的有机碳）					
	挥发分中含有的有机碳					

表 5-5   ××火电企业燃料成本明细表

项目	行次及关系	（ ）年	（ ）年	（ ）年
企业名称				
一、年发电量/万 kW·h	1			
二、年销售电量/万 kW·h	2			
三、燃料成本/万元	3			
1. 燃煤费	4			
（1）机组设计供电标准煤耗/[g/（kW·h）]	5			
（2）发电标煤单价/（元/t）	6			
（3）发电标煤量/t	7			
（4）标煤发热量/（kJ/kg）	8			
（5）燃煤平均到厂价（不含税）/（元/t）	9			
（6）煤折标煤单价/（元/t）	10			
（7）煤折标煤量/t	11			
（8）发电用燃煤量/t	12			
（9）燃煤平均发热量/（kJ/kg）	13			
2. 燃油费	14			
（1）发电油耗/[g/（kW·h）]	15			
（2）燃油平均到厂价（不含税）/（元/t）	16			
（3）油折标煤单价/（元/t）	17			
（4）油折标煤量/t	18			
（5）发电用燃油量/t	19			
（6）燃油平均发热量/（kJ/kg）	20			
四、单位千瓦时燃料成本/[元/（kW·h）]	21			

表 5-6　××火电厂能源审计表（部分）

项目		单位	年合计或平均值
发电量	1#机发电量	万 kW·h	
	2#机发电量	万 kW·h	
	总计发电量	万 kW·h	
厂用电量	供热厂用电量	万 kW·h	
	发电厂用电量	万 kW·h	
	总计厂用电量	万 kW·h	
电网	输入电量	万 kW·h	
	输出电量	万 kW·h	
供电量	1~6#线合计	万 kW·h	
	厂供电量	万 kW·h	
损耗电量	内网损失电量	万 kW·h	
	线变损失率	%	
	供热厂用电率	kW·h/GJ	
	发电厂用电率	%	
蒸汽	主产汽量	t	
	抽汽量	t	
	供汽量	t	
	分公司终端抄表汽量	t	
	统计管网损率	%	
	主蒸汽压力	MPa	
	主蒸汽温度	℃	
	主蒸汽焓值	kJ/kg	
	给水焓值	kJ/kg	
	外供汽焓值	kJ/kg	
	除盐水含热量	kJ/kg	
耗煤量	原煤量	t	
	原煤低位发热量	kJ/kg	
	折标准煤量	t 标煤	
能效指标	供热厂标煤耗率	kg 标煤/GJ	
	供电厂标煤耗率	g 标煤/kW·h	
	吨原煤产汽量	t	
	热耗率	kJ/kW·h	
	锅炉热效率	%	
	全厂热效率	%	
	热电比	%	

（3）脱硫环节

脱硫环节排放的 CO_2 由 SO_2 消除量和脱硫剂 CO_3^{2-} 消耗量决定，使用情况可从烟气脱硫设施定期分析表、火电厂烟气治理设施运行管理的考核指标、烟气治理设施运行报告等信息源中获得相应数据（表 5-7）。

表 5-7　××火电厂脱硫设施化学定期分析表

分析项目	分析内容	单位	定期
FGD 入口烟气	（1）烟气温度	℃	6 个月一次
	（2）烟气流速	m^3/h（标态）	6 个月一次
	（3）SO_2 浓度	mg/m^3（标态）	6 个月一次
	（4）烟尘浓度	mg/m^3（标态）	6 个月一次
	（5）O_2 浓度	%	6 个月一次
	（6）NO_2 浓度	mg/m^3（标态）	6 个月一次
FGD 出口烟气	（1）烟气温度	℃	6 个月一次
	（2）烟气流速	m^3/h（标态）	6 个月一次
	（3）SO_2 浓度	mg/m^3（标态）	6 个月一次
	（4）烟尘浓度	mg/m^3（标态）	6 个月一次
	（5）O_2 浓度	%	6 个月一次
	（6）NO_2 浓度	mg/m^3（标态）	6 个月一次
石灰石	（1）碳酸钙	%（质量分数）	每月一次
	（2）碳酸镁	%（质量分数）	每月一次
	（3）CaO	%（质量分数）	每月一次
	（4）Al_2O_3	%（质量分数）	每月一次
	（5）Fe_2O_3	%（质量分数）	每月一次
	（6）SiO_2	%（质量分数）	每月一次
	（7）细度	mm	每月一次
石膏	（1）$CaCO_3$	%（质量分数）	每周一次
	（2）$CaSO_3 \cdot \frac{1}{2} H_2O$	%（质量分数）	每周一次
	（3）$CaSO_4 \cdot 2H_2O$（纯度）	%（质量分数）	每天一次
	（4）湿度	%（质量分数）	每天一次
	（5）pH		每天一次
	（6）Cl^-	mg/L	每周一次
	（7）酸不溶物	%	每月一次
	（8）MgO	%	每周一次
石膏浆液（吸收塔）	（1）浆液浓度	%（质量分数）	每天一次
	（2）pH		每天一次
	（3）$CaSO_4$	%（质量分数）	每月一次
	（4）$CaCO_3$	%（质量分数）	每月一次
	（5）$CaSO_3$	%（质量分数）	每月一次
	（6）Cl^-	%（质量分数）	每天一次
	（7）酸不溶物	mg/L	每天一次

单日脱硫数据可从烟气连续在线检测设施（CEMS）每日打印的报表中获取。单月、季度和年度的脱硫情况可从烟气治理设施运行报告中获取：脱硫设施月度报告，至少包括对脱硫系统投运率、脱硫系统非计停次数、平均脱硫效率、排放超标次数、旁路挡板门状态和数据传输中断率等指标的完成情况进行分析（包括同期分析、对比分析），并对存在的问题提出改进措施；季度报告，包括烟气治理设施的运行水平分析、检修维护工作分析、能耗水平分析、性能指标分析、煤种变化对烟气治理设施运行状况影响分析；年度报告，至少包括大气污染物排放状况总量。

表 5-8　××火电厂烟气治理设施运行管理的考核指标

指标	脱硫设施	在线检测设施
性能指标	①脱硫效率 ②系统投运率 ③SO_2 排放达标状况及总量控制情况 ④电能消耗量 ⑤工艺水消耗量 ⑥吸收剂消耗量	⑦监测数据的准确性 ⑧监测系统的投运率

5.2.1.2　活动水平数据

（1）过程数据

假设 HD1 公司在 2011 年有 4 个发电机组生产，装机容量为 93 万 kW，发电量为 454 477 万 kW·h，供热量为 30.782 万 GJ，燃料煤消耗 222.1 万 t，其中发电消耗 220.11 万 t，供热消耗 1.99 万 t，主要脱硫剂消耗量为 4.077 9 万 t。

（2）工厂辅助数据

HD1 公司的全年入厂煤粉样检测结果见表 5-9。

表 5-9　HD1 全年入厂煤粉样检测结果

	检测项目	空气干燥基（ad）	干燥基（d）	收到基（ar）	上表加权收到基折检测值	上表年累计加权
工业分析	全水分 M/%	—	—	—	14.49	14.49
	水分 M/%	4.24	—	—	3.41	3.41
	灰分 A/%	25.14	26.25		22.25	22.28
	挥发分 V/%	26.16	27.32		23.16	24.63
	固定碳 FC/%	44.46	46.43		39.36	
	焦渣特性	2（黏着）				
	灰渣可燃物 CM/%					
发热量	弹筒发热量 Q_b/（kJ/kg）	22 132	—	—		
	高位发热量 Q_{gr}/（MJ/kg）	22.02	23.00	—		
	低位发热量 Q_{net}/（MJ/kg）	—	—	—	18.53	19.12
元素分析	全硫 S_t/%	0.86	0.90		0.76	0.74
	碳 C/%	56.38	58.88		40.10	38.60
	氢 H/%	3.52	3.68		3.12	2.65
	氮 N/%	0.85	0.89		0.75	
	氧 O/%	9.01	9.40		7.98	
	煤含碳量 C（固定碳和挥发分中的有机碳）	56.38			36.22	35.20
	挥发分中含有的有机碳					19.70

5.2.1.3　排放量计算

燃烧环节和脱硫环节的排放量计算过程见表 5-10 和表 5-11，2011 年 CO_2 排放量为 4 274 200.9 t，按煤耗（kgCO_2/kg 煤）的排放系数为 1.942，按发电量（kgCO_2/kW·h）的排放系数为 0.94。

表5-10　HD1公司燃烧过程CO₂排放量计算

C迁移路径	在燃烧过程中，燃料（燃煤与其他燃料）C元素经氧化过程转移至CO₂，部分C元素残留在炉渣、灰分和废气中							备注
化学方程式	$C+O_2 \rightarrow CO_2$							
环境统计指标	$⑥=①×(②-③)-④×C\%\_EG$			$⑧=⑥×44/12+⑦$	$⑦=⑤×F\text{-}Oil$			(1) 由于环境报表中不含燃油、天然气和煤气中C元素含量，一般用排放系数法计算：排放量=燃料消耗量×低位发热量×排放因子;
	燃料煤消耗量/t ①	燃料煤平均含碳量/% ②	燃料煤平均未燃烧碳含量/% ③	废气排放量/万m³ ④	燃料油消耗量/t ⑤	天然气消耗量/万m³	煤气消耗量/万m³	(2) F-coalgas为燃煤为燃油排放系数（0.077 3 kg/MJ×42.3MJ/kg=3.100 95）;
HD1	2 201 100	53.75	1	1 571 150	201	0	0	(3) $C\%\_EG$代表废气碳含量（%）；44/12为元素C和CO₂的相对分子质量比值;

不完全燃烧 → CO₂

(4) C%燃料煤平均未燃烧C含量（%），可由灰分和炉渣中含碳量及灰渣量计算，一般在1%左右;

(5) 废气中未燃烧的C主要包含在CO中，C含量一般为 20 mg/m³×12/28=8.571 4 mg/m³

$$CO_2 \text{排放量} = [2\,201\,100×(53.75\%-1\%) - 1\,571\,150×10^4×8.571\,4/10^9]×44/12 + 201×3.100\,95 = 4\,257\,423.753 \text{ t}$$

表5-11　HD1公司燃烧过程CO₂排放量计算

C迁移路径	在脱硫环节，石灰石中的C元素由于CO_3^{2-}分解，转移到CO₂中				备注
化学方程式	$CaCO_3+SO_2+H_2O \rightarrow CO_2+CaSO_3+H_2O$				
环境统计指标	主要脱硫剂消耗情况—石灰石/t	二氧化硫产生量/t ①	二氧化硫排放量/t ②	二氧化硫去除量/t $④=③×44/64$　$③=①-②$	由于报表中不含石灰石C元素含量指标，难以换算脱硫产生的CO₂；转而用脱硫量推算CO₂排放量。44/64为CO₂与SO₂的相对分子质量比值。
HD1	40 779	28 199	3 796	24 403	CO_2排放量 = $(28\,199-3\,796)×44/64=16\,777.1$ t

脱硫过程

5.2.2 典型企业计算案例——HD2

5.2.2.1 活动数据

假设 2012 年 HD2 有 2 个发电机组生产，装机容量达到 40 万 kW，发电量为 166 821 万 kW·h，燃料煤消耗 114.59 万 t，主要脱硫剂消耗量为 9.162 1 万 t。

5.2.2.2 排放量计算

燃烧环节和脱硫环节的排放量计算过程见表 5-12 和表 5-13，2011 年 CO_2 排放量为 2 267 813.3 t，按煤耗（$kgCO_2$/kg 煤）的排放系数为 1.979，按发电量[$kgCO_2$/（kW·h）]的排放系数为 1.359。

5.3 汇总层级计算

5.3.1 不同级别机组汇总计算案例

5.3.1.1 活动数据

选择 5 万～10 万 kW、10 万～30 万 kW、30 万～60 万 kW 等 3 个等别的机组进行汇总案例，关于台数、燃料煤消耗量、煤质、主要污染物、产品和其他燃料等过程数据见表 5-14。

5.3.1.2 排放量计算

5 万～10 万 kW、10 万～30 万 kW、30 万～60 万 kW 等 3 个等别机组汇总后的 CO_2 产生量见表 5-15，排放系数见表 5-16。

关于排放系数，不同机组的 CO_2 有一定差异：

（1）按燃料消耗，CO_2 排放系数在 1.70 t CO_2/t 燃煤间波动，最高值为 5 万～10 万 kW 机组的 1.73 t CO_2/t 燃煤；

（2）按低位发热量，CO_2 排放系数在 92～100 t/TJ 间波动，最低值为 10 万～30 万 kW 机组的 92.43 t/TJ；

（3）按发电量，CO_2 排放系数在 0.8～1.2 kg/kW·h 间波动，且排放系数随着机组功率的上升而下降。

5.3.2 不同地区汇总计算案例

5.3.2.1 活动数据

选择若干地区进行汇总，关于装机规模、燃料煤消耗量、煤质、主要污染物、产品和其他燃料等过程数据见表 5-17。

表 5-12　HD2 公司燃烧过程 CO₂ 排放量计算

| C迁移路径 | | | | | | | | 在燃烧过程中，燃料（燃煤与其他燃料）C元素经氧化过程转移至全 CO₂，部分 C 元素残留在炉渣、灰分和废气中 |
| 化学方程式 | | | | | | | | $C+O_2 \rightarrow CO_2$ |

	环境统计指标	燃料煤消耗量/t	燃料煤平均含碳量/%	燃料煤平均未燃烧碳量/%	废气排放量/万 m³	燃料油消耗量/t	天然气消耗量/万 m³	煤气消耗量/万 m³	⑥=①×（②−③）−④×C%_EG	⑧=⑥×44/12+⑦×F-Oil
		①	②	③	④	⑤		⑦		
不完全燃烧→CO₂	HD2	1 145 900	54.07	1	993 058	110	/	0	0	

(1) 由于环境报表中不含燃油，天然气和煤气中 C 元素含量，一般用排放系数法计算：排放量 = 燃料消耗量 × 低位发热量 × 碳含量 × 排放因子；

(2) F-coalgas 为燃油排放系数（0.077 3 kg/MJ×42.3 MJ/kg=3.100 95）；

(3) C%_EG 代表废气中 CO₂ 的相对分子质量比值；

(4) 燃料煤平均未燃烧碳含量（%），可由灰分和炉渣含碳量及渣量计算，一般在 1% 左右；

(5) 废气中未燃烧的 C 主要包含在 CO 中，碳含量一般为 20 mg/m³ × 12/28=8.571 4 mg/m³

CO₂ 排放量 =[1 145 900×（54.07%−1%）−993 058×10⁴×8.571 4/10⁹]×44/12+110×3.100 95=2 229 835.812 t

表 5-13　HD2 公司脱硫过程 CO₂ 排放量计算

| C迁移路径 | | | | | 在脱硫环节，石灰石中的 C 元素由于 CO₃²⁻ 分解，转移到 CO₂ 中 |
| 化学方程式 | | | | | $CaCO_3+SO_2+H_2O \rightarrow CO_2+CaSO_3+H_2O$ |

脱硫过程	环境统计指标	二氧化硫产生量/t	主要脱硫剂消耗—石灰石/t 情况一	二氧化硫排放量/t	二氧化硫去除量/t	CO₂排放量/t
		①		②	③=①−②	④=③×44/64
	HD2	75 765	91 621	20 525	55 240	

由于报表中不含石灰石 C 元素含量指标，难以换算脱硫产生的 CO₂；转而用脱硫量推算 CO₂ 排放量；44/64 为 CO₂ 与 SO₂ 的相对分子质量比值；

CO₂ 排放量 =（75 765−20 525）×44/64=37 977.5 t

表 5-14 若干不同机组生产过程数据

序号	机组功率分类/万 kW	台数	燃料煤消耗量/万 t			煤质		主要污染物	产品		其他燃料/万 t
			合计	其中：发电消耗量	供热消耗量	燃料煤平均含硫量/%	燃料煤平均含碳量/%	二氧化硫去除量/万 t	发电量/亿 kW·h	供热量/万 GJ	
1	5～10	534	11 394.61	7 736.17	3 658.44	0.82	47.04	84.47	1 534.00	68 307.00	916.00
2	10～30	1 166	71 441.15	67 225.17	4 215.98	1.00	45.76	952.27	12 839.00	69 558.00	1 610.00
3	30～60	652	72 487.43	71 476.55	1 010.88	1.00	46.64	937.80	15 351.00	17 215.00	185.59

注：表中燃料煤平均含硫量、含碳量（%）由加权平均求得；二氧化硫去除量 = 产生量 − 排放量。

表 5-15 若干不同机组 CO₂ 排放量

序号	机组功率分类/万 kW	CO₂ 产生量/万 t					其他燃料产生量
		总量	按产品		按过程		
			其中：发电产生量	其中：供热产生量	直接燃烧产生量	脱硫产生量	
1	5～10	19 711.50	13 343.34	6 310.08	19 653.43	58.07	16.84
2	10～30	120 523.41	112 794.87	7 073.86	119 868.73	654.69	10.77
3	30～60	124 607.91	122 234.43	1 728.74	123 963.17	644.74	0.11

表 5-16 若干不同机组 CO₂ 排放系数

序号	机组功率分类/万 kW	CO₂ 产生量/万 t			CO₂ 排放系数		
		总量	其中		按燃料消耗/（tCO₂/t 燃煤）	按低位发热量/（t/TJ）	按发电量/[kg/（kW·h）]
			发电产生量	供热产生量			
1	5～10	19 711.50	13 343.34	6 310.08	1.73	94.32	1.284 973 918
2	10～30	120 523.41	112 794.87	7 073.86	1.69	92.43	0.938 728 987
3	30～60	124 607.91	122 234.43	1 728.74	1.72	100.21	0.811 725 015

表 5-17 若干不同地区汇总的生产过程数据

序号	装机总规模/万 kW	燃料煤消耗量/万 t			煤质		主要污染物	产品		其他燃料/万 t
		合计	其中：发电消耗量	供热消耗量	燃料煤平均含硫量/%	燃料煤平均含碳量/%	二氧化硫去除量/万 t	发电量/亿 kW·h	供热量/万 GJ	
1	2 882.85	5 540.72	5 271.34	269.38	0.70	45.00	33.87	1 045.80	2 981.77	123.97
2	589.54	607.00	462.50	144.49	0.60	44.63	5.62	163.99	2 231.12	91.42
3	1 203.69	2 179.43	1 892.39	287.04	0.68	43.41	10.19	371.09	3 204.64	42.42
4	3 132.10	3 688.55	3 523.18	165.36	0.75	50.39	30.31	826.36	1 742.84	50.45
5	1 451.64	2 655.49	2 462.89	192.60	0.70	45.86	37.57	467.42	2 067.29	76.53
6	6 484.02	9 385.39	9 052.52	332.87	0.73	44.90	80.15	2 043.81	4 847.92	271.35
7	1 270.37	2 224.71	2 079.03	145.69	1.66	44.77	43.84	442.75	9 120.11	359.98
8	3 485.40	4 108.61	4 059.67	48.94	2.46	41.41	105.68	14 109.04	409.58	32.15

| 序号 | 装机总规模/万 kW | 燃料煤消耗量/万 t | | | 煤质 | | 主要污染物 | 产品 | | 其他燃料/万 t |
		合计	其中：发电消耗量	供热消耗量	燃料煤平均含硫量/%	燃料煤平均含碳量/%	二氧化硫去除量/万 t	发电量/亿 kW·h	供热量/万 GJ	
9	309.30	429.08	412.74	16.34	0.79	42.70	4.50	102.60	1 121.28	17.27
10	3 774.05	7 988.10	7 317.91	670.19	0.90	41.04	110.38	1 404.59	10 989.12	438.26
11	4 762.35	9 147.63	8 482.60	665.03	0.80	52.21	90.55	1 658.72	5 939.69	361.54
12	4 273.60	68 617.49	57 975.64	10 641.84	0.38	43.00	891.27	502.08	6 820.44	328.04
13	1 867.91	3 241.85	3 109.20	132.65	1.37	44.60	52.31	609.55	24 403.06	79.76
14	1 797.06	3 181.98	3 048.93	133.05	1.23	43.83	39.34	579.78	2 573.36	107.19
15	1 692.45	3 366.12	2 663.82	702.30	0.60	43.97	11.20	388.67	5 304.62	39.94
16	6 256.63	12 762.79	11 006.32	1 756.47	0.73	42.83	119.41	2 363.68	21 491.86	119.34
17	1 412.98	2 294.37	2 254.50	39.87	1.01	43.77	27.83	427.19	473.48	74.96
18	2 896.96	6 404.58	5 389.57	1 015.01	0.70	42.78	38.23	869.45	8 668.83	285.24
19	5 670.39	13 683.04	12 881.45	801.59	0.79	42.72	115.99	1 916.30	17 684.03	751.27
20	1 704.30	3 923.11	3 606.13	316.98	1.04	43.65	52.68	642.38	2 624.24	39.95

5.3.2.2 排放量计算

若干地区汇总后的 CO_2 产生量见表 5-18，其排放系数见表 5-19。不同地区的 CO_2 排放系数有一定差异。按燃料消耗，CO_2 排放系数在 1～3 t CO_2/t 燃煤间波动；按低位发热量，CO_2 排放系数在 77～128 t/GJ 间波动；按发电量，CO_2 排放系数在 0.6～1.7 kg/kW·h 间波动，差异原因受数据填报质量、不同地区的原辅材料来源差异、生产工艺等多方面因素影响，部分排放系数存在异常现象，需进一步挖掘数据。

表 5-18 若干不同地区火电行业 CO_2 排放量

| 序号 | 装机规模/万 kW | CO_2 产生量/万 t | | | | | |
| | | 总量 | 按产品 | | 按过程 | | 其他燃料产生量 |
			其中：发电产生量	其中：供热产生量	直接燃烧产生量	脱硫产生量	
1	2 882.85	9 165.47	8 697.71	444.48	9 142.18	23.28	0.15
2	589.54	1 785.06	1 291.51	489.69	1 781.20	3.86	0.01
3	1 203.69	5 249.83	4 529.46	713.36	5 242.82	7.00	0.13
4	3 132.10	8 334.69	7 905.30	408.55	8 313.85	20.84	0.03
5	1 451.64	4 289.67	3 847.57	416.27	4 263.84	25.83	0.35
6	6 484.02	17 076.25	16 374.65	646.49	17 021.15	55.10	2.74
7	1 270.37	3 235.47	3 013.95	191.38	3 205.33	30.14	1.75
8	3 485.40	6 657.44	6 439.14	145.65	6 584.78	72.65	0.02
9	309.30	311.22	308.12	0.00	308.12	3.10	0.04
10	3 774.05	9 466.93	8 736.44	654.60	9 391.04	75.89	1.17
11	4 762.35	13 607.55	12 377.52	1 167.77	13 545.29	62.25	1.74
12	4 273.60	36 666.68	11 689.76	24 364.17	36 053.93	612.75	3.91
13	1 867.91	8 055.77	7 692.63	327.18	8 019.81	35.96	1.54

序号	装机规模/kW	CO₂产生量/万 t					
		总量	按产品		按过程		其他燃料产生量
			其中：发电产生量	其中：供热产生量	直接燃烧产生量	脱硫产生量	
14	1 797.06	7 228.70	7 012.77	188.88	7 201.65	27.05	1.79
15	1 692.45	6 821.79	5 238.22	1 575.86	6 814.08	7.70	0.06
16	6 256.63	17 721.30	14 554.23	3 084.98	17 639.21	82.09	0.15
17	1 412.98	3 809.38	3 730.18	60.06	3 790.24	19.13	0.80
18	2 896.96	12 743.37	10 347.66	2 369.42	12 717.09	26.28	0.20
19	5 670.39	24 081.96	22 312.05	1 690.17	24 002.22	79.74	8.99
20	1 704.30	3 790.79	3 179.38	575.19	3 754.57	36.22	0.57

表 5-19　若干不同地区火电行业 CO₂ 排放系数

序号	CO₂产生量/万 t			CO₂排放系数		
	总量	其中		按燃料消耗/(tCO₂/t 燃煤)	按低位发热量/(t/GJ)	按发电量/[kgCO₂/(kW·h)]
		发电产生量	供热产生量			
1	9 165.47	8 697.71	444.48	1.65	101.00	0.88
2	1 785.06	1 291.51	489.69	2.94	98.00	1.09
3	5 249.83	4 529.46	713.36	2.41	96.00	1.41
4	8 334.69	7 905.30	408.55	2.26	119.96	1.01
5	4 289.67	3 847.57	416.27	1.62	82.17	0.92
6	17 076.25	16 374.65	646.49	1.82	110.22	0.84
7	3 235.47	3 013.95	191.38	1.45	100.12	0.73
8	6 657.44	6 439.14	145.65	1.62	97.21	0.05
9	311.22	308.12	0.00	0.73	105.32	0.30
10	9 466.93	8 736.44	654.60	1.19	119.21	0.67
11	13 607.55	12 377.52	1 167.77	1.49	98.20	0.82
12	36 666.68	11 689.76	24 364.17	0.53	90.91	7.30
13	8 055.77	7 692.63	327.18	2.48	114.20	1.32
14	7 228.70	7 012.77	188.88	2.27	117.43	1.25
15	6 821.79	5 238.22	1 575.86	2.03	108.08	1.76
16	17 721.30	14 554.23	3 084.98	1.39	105.78	0.75
17	3 809.38	3 730.18	60.06	1.66	116.71	0.89
18	12 743.37	10 347.66	2 369.42	1.99	126.15	1.47
19	24 081.96	22 312.05	1 690.17	1.76	123.13	1.26
20	3 790.79	3 179.38	575.19	0.97	126.16	0.59

5.4　计算结果讨论

5.4.1　排放因子

吴晓蔚等（2010）利用 U23 多组分红外气体分析仪及 TH 880F 烟尘分析仪对全国 30

台具有代表性的火力发电机组排放的 CO_2 和 N_2O 进行了在线监测，结果表明：CO_2 排放因子主要受装机容量、燃料及机组使用年限与维护质量的影响，常规煤粉机组的 N_2O 排放因子随装机容量的增加逐渐变小，循环流化床机组 N_2O 排放因子最大。与 IPCC 缺省排放因子相比较，烟煤、褐煤的 CO_2 和 N_2O 排放因子均在 IPCC 缺省因子 95% 置信区间内，贫煤 CO_2 和 N_2O 的排放因子均大于 IPCC 缺省因子，天然气 CO_2 和 N_2O 排放因子与 IPCC 缺省因子无明显差异。

张斌等（2005）在《火电厂和 IGCC 及煤气化 SOFC 混合循环减排 CO_2 的分析》中认为单位耗煤量 CO_2 产生量为 851.9 g/kW·h。夏德建等在《中国煤电能源链的生命周期碳排放系数计量》中计算电厂发一度电所需电煤在生产环节产生的温室气体归一化 CO_2 当量排放系数约为 112.22 g/kW·h。

刘胜强（2012）等的研究成果表明：中国火电生命周期的温室气体排放系数为 1.188 8 kg/kW·h，变化区间为 0.931~1.341 9 kg/kW·h。

IPCC 国家温室气体清单指南推荐的缺省排放因子见表 5-20。

表 5-20   IPCC 国家温室气体清单燃料含碳量与碳氧化率参数

		单位热值含碳量/（t C/TJ）	碳氧化率/%
固体燃料	无烟煤	27.4	0.94
	烟煤	26.1	0.93
	褐煤	28.0	0.96
	炼焦煤	25.4	0.98
	型煤	33.6	0.90
	焦炭	29.5	0.93
	其他焦化产品	29.5	0.93
液体燃料	原油	20.1	0.98
	燃料油	21.1	0.98
	汽油	18.9	0.98
	柴油	20.2	0.98
	喷气煤油	19.5	0.98
	一般煤油	19.6	0.98
	NGL	17.2	0.98
	LPG	17.2	0.98
	炼厂干气	18.2	0.98
	石脑油	20.0	0.98
	沥青	22.0	0.98
	润滑油	20.0	0.98
	石油焦	27.5	0.98
	石化原料油	20.0	0.98
	其他油品	20.0	0.98
气体燃料	天然气	15.3	0.99

5.4.2　行业排放特征

姜华等（2007）在《火电厂 CO_2 排放及减排措施》研究中按 CO_2 排放量＝煤收到基碳分（一般为 55%～60%）× 44/12 × 0.95，1 t 原煤燃烧产生 1.94～2.09 t CO_2，算得火电厂 2006 年 CO_2 排放量为 24.44 亿～26.33 亿 t。吴晓蔚等（2011）在《2007 年火电行业温室气体排放量估算》研究中参考《IPCC 国家温室气体排放清单指南》中固定源燃烧温室气体排放量计算方法学部门方法的相关内容，利用实测的温室气体排放因子以及 2007 年火电行业活动水平数据，计算出 2007 年我国火电行业 CO_2 排放量为 2.81×10^9 t。燕丽等（2010）利用 2007 年中国火电行业的燃料消耗数据和 IPCC 2006 年 CO_2 缺省排放因子，估算了中国火电行业排放量为 27.35 亿 t，其中：煤电机组发电的排放量最高，占火电行业 CO_2 排放总量的 93.2%；燃气、燃油机组发电排放量仅占 6.8%；按煤电机组构成，亚临界机组发电排放量最高，其次为超临界机组，两者的 CO_2 排放量占火电机组发电排放总量的 28.4%，超高压、高温高压和中温中压机组发电排放量共计占 21.6%；按区域分布，排名前十的山东省、江苏省、内蒙古自治区、河南省、山西省、河北省、浙江省、广东省、辽宁省和安徽省排放量占中国火电行业 CO_2 排放总量的 66%。

安祥华等（2011）根据至 2008 年年底的火电装机容量 6.03 亿 kW、发电累计耗用原煤 13.19 亿 t，乘以 1.83 t CO_2/t 原煤的排放因子估算出排放量为 24 亿 t，且排放主要集中在经济发达的沿海省区市及煤电一体化建设的重点地区。

周颖等（2011）利用第一次全国污染源普查数据核算出我国火电企业由于燃料燃烧产生的 CO_2 约占排放总量的 99.99%，而电厂脱硫产生量较少；就地域分布，火电企业排放主要集中于华北地区和沿海城市，其中上海、苏州、宁波、唐山和济宁的火电企业排放相对较多；就机组容量，单位发电量的排放量与火电机组容量呈明显的负相关关系，即火电机组容量越高，单位发电量的排放量越低。

近年来，不同研究人员和机构计算出的全国火电行业 CO_2 总量差异性不是很大，在 24 亿～28 亿 t，主要是因为大多数研究均采用排放系数方法，方法差异性不大，仅是活动水平数据与排放因子的差别。

6 水泥行业基于环统报表统计 CO₂ 排放案例

6.1 环境统计数据质量审核

6.1.1 数据审核

6.1.1.1 环境统计数据审核总体要求

根据"十二五"环境统计数据审核细则，需要对水泥企业必须填报的基 103 表进行审核，包括完整性、规范性、重要代码准确性、突变指标、逻辑关系、合理性 6 个方面。

（1）逻辑关系审核

"水泥总产量—熟料总产量—煤炭消耗量—二氧化硫产生量—二氧化硫去除量"变化趋势是否合乎逻辑。

（2）利用核算公式进行逻辑关系审核

"熟料总产量"是否与"设计生产能力（t/d）× 投产时间（年月）"基本接近，"燃煤量（发电 + 供热）× 燃煤平均硫分 × 0.85 × 2 + 燃油量 × 重油平均硫分 × 2"是否与"上报二氧化硫产生量（上报二氧化硫排放量 + 去除量）"基本接近。

（3）合理性审核

熟料中氧化钙含量、熟料中氧化镁含量、煤炭平均含硫量、煤炭平均低位发热量、煤炭平均含碳量等反映水泥窑情况的重要指标填报值是否合理，吨熟料标准煤耗是否合理，水泥总产量与熟料总产量对应关系是否合理，根据煤炭消耗量和熟料总产量核算的吨熟料标准煤耗是否合理。

对汇总的水泥行业综 104 表审核时，在合理性方面的审核内容包括①与统计部门相关数据相匹配：审核环境统计数据与统计部门公布的相关产品产量数据是否符合逻辑对应关系。②地区或行业平均排放水平：地区或行业的污染物平均排放浓度是否合理，地区或行业的废水排放量占新鲜用水量平均比率是否合理，地区或行业的污染物平均排放强度是否合理。③重点行业平均产排污系数：水泥行业平均产排污系数是否合理。④非重点估算合理性：审核主要污染物非重点比例是否过高或过低，审核非重点部分煤炭消耗情况是否合理。⑤行业汇总表与相关部门数据匹配性审核：审核水泥行业熟料总产量、水泥产量等指标与各地区统计公报数据是否匹配。

6.1.1.2　水泥行业数据审核

（1）审核流程

采用基于环境统计报表计算 CO_2 排放量的方法时，首先需要对环境统计数据展开审核，以提高计算结果的准确度和可信性。审核应从完整性、合理性和正确性三个层面展开，其中完整性是指计算 CO_2 排放量所需要的水泥总产量、熟料总产量、燃料煤消耗量、脱硫量等关键数据是否完整；合理性是指计算 CO_2 排放量所需要的吨熟料标准煤耗、燃料煤平均含硫量、燃料煤平均含碳量、燃料煤平均低位发热量、熟料中氧化钙含量、熟料中氧化镁含量等关键数据填报是否在合理的阈值范围内；正确性是指计算 CO_2 排放量的精度，通过计算 CO_2 排放量/熟料总产量的比值，与其他来源的数据相比较。

（2）审核表单

数据审核过程中逻辑关系及要点涉及的检查项、检查内容、指标、检验方法、问题性质、检验指标、对 CO_2 计算过程的影响、检查结论描述、操作建议和备注等见表 6-1，数据审核结果输出格式见表 6-2。

（3）审核结果

企业在填报环境统计数据时常存在问题有：①石灰石（大理石）原料消耗量、熟料产量、煤炭消耗量部分数据缺失；②煤炭平均含碳量、熟料中氧化钙和氧化镁含量数据超出合理阈值；③石灰石（大理石）原料消耗量数据单位换算有误。

表 6-1 水泥行业 CO_2 排放量数据库检查内容表

流程	检查项	检查内容	指标	检验方法	问题性质	检验指标	对 CO_2 计算过程的影响	检查结论描述	操作建议	备注
步骤 1	完整性	计算 CO_2 排放量关键数据是否完整	(1) 石灰石（大理石）原料消耗量；(2) 熟料产量；(3) 煤炭消耗量；(4) 煤炭平均含碳量；(5) 熟料中氧化钙含量；(6) 熟料中氧化镁含量	有无	关键数据缺失，无法使用物料平衡法计算 CO_2 排放量	(1) 石灰石（大理石）原料消耗量；(2) 熟料产量；(3) 煤炭消耗量；(4) 煤炭平均含碳量；(5) 熟料中氧化钙含量；(6) 熟料中氧化镁含量	熟料烧成 CO_2 排放量无法计算	缺失石灰石（大理石）原料消耗量、熟料产量、熟料中氧化钙含量，无法使用物料平衡法计算出熟料烧成 CO_2 排放量	补充石灰石（大理石）原料消耗量、熟料产量、熟料中氧化钙含量、熟料中氧化镁含量	熟料烧成 4 项数据必须填报
							燃料燃烧 CO_2 排放量无法计算	缺失煤炭消耗量、煤炭平均含碳量指标，无法使用物料平衡法计算出燃料燃烧 CO_2 排放量	补充煤炭消耗量、煤炭平均含碳量	燃料燃烧 2 项数据必须填报
					关键数据缺失，无法使用排放系数法计算 CO_2 排放量	(1) 熟料产量	熟料烧成 CO_2 排放量无法计算	缺失熟料产量无法使用排放系数法计算熟料烧成 CO_2 排放量	见物料平衡法操作建议	
						(2) 煤炭消耗量	燃料燃烧 CO_2 排放量无法计算	缺失煤炭消耗量数据无法使用排放系数法计算燃料燃烧和脱硫 CO_2 排放量	见物料平衡法操作建议	

流程	检查项	检查内容	指标	检验方法	问题性质	检验指标	对 CO_2 计算过程的影响	检查结论描述	操作建议	备注
步骤 2	合理性	计算 CO_2 排放总量关键数据填报是否合理	总量指标 (1) 石灰石（大理石）原料消耗量;(2) 熟料产量;(3) 煤炭消耗量	数据单位是否混淆	填报数据不合理	(1) 石灰石（大理石）原料消耗量;(2) 熟料产量;(3) 煤炭消耗量	熟料烧成 CO_2 排放量计算有误；燃料燃烧 CO_2 排放量计算有误	石灰石（大理石）原料消耗量、熟料产量数据填报合理；煤炭消耗量数据填报不合理	复核石灰石（大理石）原料消耗量、熟料产量；复核煤炭消耗量	
		计算 CO_2 排放量关键数据是否超出正常阈值	比例（率）指标 (1) 煤炭平均含碳量;(2) 熟料中氧化钙含量;(3) 熟料中氧化镁含量	是否超出参考阈值	超出参考阈值	(1) 熟料中氧化钙含量;(2) 熟料中氧化镁含量;(3) 煤炭平均含碳量	熟料烧成 CO_2 排放量计算有误；燃料燃烧 CO_2 排放量计算有误	熟料中氧化钙含量、熟料中氧化镁含量超出阈值；煤炭平均含碳量超出阈值	复核熟料中氧化钙含量、熟料中氧化镁含量；复核煤炭平均含碳量	参考阈值：熟料中氧化钙含量：[60%,70%]；熟料中氧化镁含量<4.5%；煤炭平均含碳量 [30%,90%]
步骤 3	正确性	基于填报数据计算 CO_2 排放量的精度	熟料排放因子 (kgCO_2/kg 熟料)	是否超出参考阈值	排放因子超出阈值	按熟料单位重量	CO_2 排放量计算精度不足	数据质量不高，对 CO_2 排放量计算精度有较大影响	检查填报数据值	结合 IPCC 和国内经验值 [0.525, 0.9]

表 6-2　水泥行业 CO_2 排放量数据库检查结果输出格式表

序号	公司名	是否通过审核（是/否）	数据问题及操作建议								
			完整性			合理性			正确性		
			问题1性质	检查结论描述	操作建议	问题2性质	检查结论描述	操作建议	问题3性质	检查结论描述	操作建议

6.2　企业层级计算

6.2.1　典型企业计算案例——SN1 公司

6.2.1.1　背景数据收集

可从水泥厂常用表格内收集总体情况、物料消耗、除尘和尾气。

（1）总体情况

关于石灰石轧碎量、原料、熟料、水泥的生产量及水泥包装发货量等的总体情况可从水泥厂的详细月生产表中获取，见表 6-3。

表 6-3　水泥厂月生产表

月份　　名称	石灰石轧碎量	调和土干燥量	生料生产量	熟料生产量	水泥生产量	水泥包装发货量
1						
2						
3						
4						
5						
6						
7						
8						
9						
10						
11						
12						
合计						

（2）物料消耗

水泥生产过程中的物料消耗情况可从水泥厂的物料储存、物料化学分析、煤工业分析表、配料及物料平衡表、清洁生产审核报告等信息源中获取，详见表 6-4～表 6-10。

表 6-4   水泥厂物料储存设施一览表

物料名称	圆库				堆棚		堆场		总储存量/t	储存期/d
	规格/m	单容/t	个数	储存量/t	料堆长×宽×高/m×m×m	储存量/t	料堆长×宽×高/m×m×m	储存量/t		

表 6-5   原料与煤灰的化学成分

名称	烧失量	SiO_2	Al_2O_3	Fe_2O_3	CaO	MgO	总和
石灰石							
黏土							
铁粉							
煤灰							

表 6-6   煤的工业分析

挥发物	固定碳	灰分	热值	水分

表 6-7   生料的化学成分

名称	配合比	烧失量	SiO_2	Al_2O_3	Fe_2O_3	CaO
石灰石						
黏土						
铁粉						
生粉						
燃烧生料						

表 6-8   熟料的化学成分

名称	配合比	SiO_2	Al_2O_3	Fe_2O_3	CaO
灼烧生料					
煤灰					
熟料					

表6-9 水泥厂配料及物料平衡表

物料名称	水分/%	生产损失/%	消耗定额（t/t，以熟料计）		物料平衡表/t					
			干料	含水分料	干料			含水分料		
					小时	日	年	小时	日	年
石灰石										
黏土										
铁粉										
配合生料										
熟料										
石膏										
混合材										
水泥										
烧成用煤										
烘干用煤										
用煤合计										

表6-10 水泥厂原辅料消耗表

主要原辅材料	近三年年消耗量			
	单位	2009年	2010年	2011年
石灰石	t			
钢渣	t			
黏土	t			
砂岩	t			
二水石膏	t			
磷石膏	t			
脱硫石膏	t			
混合材石灰石	t			
煤矸石	t			
水渣	t			
粉煤灰	t			
原煤	t			
电	万 kW·h			
水	m³			

水泥厂的物料平衡计算是从原料进厂到成品出厂的每个生产环节需要处理的物料量，包括所有原料、燃料、运输量半成品、成品的数量，表达为小时、日、年需要量。物料平衡计算以熟料产量为基准，计算需要的原始数据包括窑的熟料小时产量（或日产量、水泥年产量）、窑的台数、窑的年利用率、生料中各原料配合比、物料天然水分、石膏掺入量、混合材掺入量、各物料生产损失、熟料烧成热耗、物料烘干热耗、燃料发热量等，可为计算 CO_2 排放量提供了众多细节方面的数据。

（3）除尘与尾气

废气污染物主要为粉尘、SO_2 和 NO_x。排放方式分为有组织排放和无组织排放。有组织排放主要包括：原料粉磨及窑尾废气处理系统，主要排放污染物为烟尘、SO_2 和 NO_x；熟料烧成窑头主要污染物为烟尘；煤粉制备系统、原料破碎—调配及输送、生料均匀化库及生料入窑、熟料储存及输送、水泥粉磨及输送、水泥储存及输送、水泥包装及堆存等的主要污染物为粉尘。未消除量可以从水泥厂按《水泥工业大气污染物排放标准》（GB 4915—2004）要求定期编制的《废气监测报告》中获取，见表 6-16，相关数据的汇总量在排污量申报中也有体现（表 6-12）。

表 6-11　××水泥厂大气污染物监测数据一览表

检测点位	监测项目	排放浓度/（mg/m³）	浓度限值/（mg/m³）	是否达标
回转窑头除尘器出口	粉尘			
回转窑尾除尘器出口	粉尘			
	SO_2			
	NO_x			
1 号包装机除尘器出口	粉尘			
2 号包装机提升机除尘器出口	粉尘			
1 号水泥库提升机（入库）除尘器出口	粉尘			
1 号水泥库提升机（出库）除尘器出口	粉尘			
5 号水泥库除尘器出口	粉尘			
1 号水泥磨除尘器出口	粉尘			
2 号水泥磨除尘器出口	粉尘			
煤粉制备除尘器出口	粉尘			

表 6-12　××水泥厂主要污染物排放总量一览表

指标名称	单位	2011 年实际值
粉尘	t/a	
SO_2	t/a	

6.2.1.2　活动水平数据

假设 2011 年 SN1 公司有 6 条生产线，6 个水泥窑（其中新干法水泥窑 1 个，设计生产能力达到 4 000 t/d），煤炭消耗量为 22.603 7 万 t，石灰石消耗量为 196.9 万 t，熟料产量为 146.5 万 t，水泥产量为 174.5 万 t。

6.2.1.3　排放量计算

SN1 公司生料煅烧、生料中有机碳燃烧、水泥窑炉排气筒粉尘、燃料不完全燃烧、脱硫过程环节的排放量计算过程见表 6-13～表 6-17，2011 年 CO_2 排放量为 1 133 721 t，按熟料（$kgCO_2$/t 熟料）的排放系数为 0.774。

表6-13　SN1公司生料煅烧过程CO₂排放量计算

	C迁移路径	化学方程式	环境统计指标			
			熟料中氧化钙含量/% ①	熟料中氧化镁含量/% ③	熟料总产量/t ②	④=②×①×44/56+②×③×44/40
生料煅烧 → CO₂	生料煅烧过程中，氧化钙和氧化镁中的C元素由于CO₃²⁻离子的分解，转移到CO₂中	CaCO₃→CaO+CO₂ MgCO₃→MgO+CO₂				44/56和44/40分别为CaO、MgO和CO₂的相对分子质量比值
SN1			65	1.4	1 465 000	CO₂排放量=1 465 000×65%×44/56+1 465 000×1.4%×44/40=770 757.4 t

表6-14　SN1公司生料中有机碳燃烧过程CO₂排放量计算

	C迁移路径	化学方程式	环境统计指标	
			熟料总产量/t ②	⑤=②×R×P×44/12
生料中有机碳燃烧 → CO₂	生料煅烧过程中，生料中的有机碳经燃烧转移到CO₂中	C+O₂→CO₂		(1) R为生料/熟料比，1.55; (2) P为生料中有机碳含量，0.3%
SN1			1 465 000	CO₂排放量=1 465 000×1.55×0.3%×44/12=24 978.25 t

表6-15　SN1公司水泥窑炉排气筒粉尘和窑炉旁路放风粉尘过程CO₂排放量计算

	C迁移路径	化学方程式	环境统计指标	
			粉尘排放量/万t	⑥=②×CFC%
水泥窑炉排气筒粉尘 → CO₂	粉尘中由碳酸盐分解出CaO和MgO，并逸出CO₂	同CaCO₃、MgCO₃分解		CFC%为粉尘含碳量，需要监测数据支持，可采用默认值0.08~0.15 kgCO₂/t熟料
SN1			—	CO₂排放量=1 465 000×0.15/1 000=219.750 t
窑炉旁路放风粉尘 → CO₂			归入水泥窑炉排气筒粉尘→CO₂合并计算	

表 6-16　SN1 公司脱硫过程 CO₂ 排放量计算

脱硫过程	C 迁移路径	在脱硫环节，石灰石中的 C 元素由于 CO_3^{2-} 分解，转移到 CO_2 中			
	化学方程式	$CaCO_3 + SO_2 + H_2O \rightarrow CO_2 + CaSO_3 + H_2O$			
	环境统计指标	① 二氧化硫产生量/t	主要脱硫剂消耗情况—石灰石/万 t	② 二氧化硫排放量/t	③=①-② 二氧化硫去除量/t	④=③×44/64
	SN1	2 713.9	196.9	101.7	2 612.2	由于报表中不含石灰石 C 元素含量指标，难以换算脱硫产生的 CO_2；转而用脱硫硫量推算 CO_2 排放量。44/64 为 CO_2 与 SO_2 的相对分子质量比值。CO_2 排放量 = (2 713.9−101.7) ×44/64=1 795.9 t

表 6-17　SN1 公司燃料不完全燃烧过程 CO₂ 排放量计算

燃料不完全燃烧 CO₂	C 迁移路径	在燃烧过程中，燃料（燃煤与其他燃料）C 元素经氧化过程转移至 CO_2，部分 C 元素残留在炉渣，灰分和废气中						
	化学方程式	$C + O_2 \rightarrow CO_2$						
	环境统计指标	① 燃料煤消耗量/t	② 燃料煤平均含碳量/%	③ 燃料煤平均未燃烧碳含量/%	④ 废气排放量/万 m³	⑤ 燃料油消耗量/t	天然气消耗量/万 m³	煤气消耗量/万 m³
		⑥=①×(②-③) -④×C%× EG				⑦=⑤×F-Oil		⑧=⑥×44/12+⑦
	SN1	226 037	54.91	1	1 244 989	184	0	0

(1) 由于环境报表中不含燃油，天然气和煤气中 C 元素含量，一般用排放系数法计算：排放量＝燃料消耗量×低位发热量×排放因子；

(2) F-coalgas 为燃油排放系数 (0.077 3 kg/MJ×42.3 MJ/kg=3.100 95)；

(3) C%_EG 代表废气碳含量(%)；44/12 为元素 C 和 CO₂ 的相对分子质量比值；

(4) 燃料煤平均未燃烧碳含量(%)，可由灰分和炉渣含碳量及灰渣量计算，一般在 1%左右；

(5) 废气中的未燃烧的 C 主要包含在 CO 中，碳含量一般为 2.5 mg/m³=5.833 3 mg/m³

CO_2 排放量 =[226 037× (54.91%−1%) −244 989×10⁴× 5.833 3/10⁹]×44/12+184×3.100 95=447 111.6 t

6.2.2 典型企业计算案例——SN2 公司

6.2.2.1 活动水平数据

假设 SN2 公司 2012 年有 6 个水泥窑生产，均为干法水泥窑，设计生产能力分别为 9 000 t/d、4 500 t/d 和 2 500 t/d，煤炭消耗量为 138 万 t，石灰石消耗量为 200 万 t，水泥总产量为 1 300 万 t，熟料总产量为 944.95 万 t。

6.2.2.2 排放量计算

SN2 公司生料煅烧、生料中有机碳燃烧、水泥窑炉排气筒粉尘、燃料不完全燃烧、脱硫过程环节的排放量计算过程见表 6-18～表 6-22，2011 年 CO_2 排放量为 7 262 635 t，按熟料（$kgCO_2$/t 熟料）的排放系数为 0.769。

6.3 汇总层级计算

6.3.1 不同生产类型汇总计算案例

6.3.1.1 活动水平数据

选择不同生产线、窑型、生产能力等指标作为汇总计算案例，关于生产线条数、原料消耗、燃料消耗煤质、水泥产量、熟料产量等过程数据见表 6-23～表 6-25。

6.3.1.2 排放量计算

按生产线、窑型、生产能力统计 CO_2 产生量见表 6-26～表 6-28，排放系数见表 6-29，不同窑型、生产线和生产能力下的 CO_2 排放系数有一定差异：

（1）按生产线划分，新型干法 CO_2 排放系数为 0.84；

（2）按窑型划分，CO_2 排放系数在 0.78～0.91 波动，最高值为普通立窑型窑的 0.91 t CO_2/t 熟料，最低值为机械立窑型窑的 0.78 t CO_2/t 熟料，最低值是最高值的 85.71%；

（3）按生产能力划分，CO_2 排放系数在 0.80～0.86 波动，最高值为 500～1 000 t 生产能力的 0.86 t CO_2/t 熟料，最低值为 5 000 t 生产能力的 0.8 t CO_2/t 熟料，最低值是最高值的 93%；

（4）平均后，CO_2 排放系数为 0.83。

表 6-18 SN2 公司生料煅烧过程 CO$_2$ 排放量计算

	C 迁移路径	生料煅烧过程中，氧化钙和氧化镁中的 C 元素由于 CO$_3^{2-}$ 离子的分解，转移到 CO$_2$ 中			
	化学方程式	$CaCO_3 \rightarrow CaO+CO_2$; $MgCO_3 \rightarrow MgO+CO_2$			
生料煅烧 → CO$_2$	环境统计指标	① 熟料中氧化钙含量/%	② 熟料总产量/t	③ 熟料中氧化镁含量/%	④=②×①×44/56+②×③×44/40 / 44/56 和 44/40 分别为 CaO、MgO 和 CO$_2$ 的相对分子质量比值
	SN2	65.5	9 449 500	0.8	CO$_2$ 排放量 =9 449 500×65.5%×44/56+9 449 500×0.8%×44/40=4 946 273 t

表 6-19 SN2 公司生料中有机碳燃烧过程 CO$_2$ 排放量计算

	C 迁移路径	生料煅烧过程中，生料中的有机碳经燃烧转移到 CO$_2$ 中		
	化学方程式	$C+O_2 \rightarrow CO_2$		
生料中有机碳燃烧 → CO$_2$	环境统计指标	⑤=②×R×P×44/12	② 熟料总产量/t	(1) R 为生料熟料比，1.55; (2) P 为生料中有机碳含量，0.3%
	SN2		9 449 500	CO$_2$ 排放量 =9 449 500×1.55×0.3%×44/12=161 114 t

表 6-20 SN2 公司水泥窑炉排气气筒粉尘和窑炉旁路放风粉尘过程 CO$_2$ 排放量计算

	C 迁移路径	粉尘中由碳酸盐分解出 CaO 和 MgO，并逸出 CO$_2$		
	化学方程式	同 CaCO$_3$，MgCO$_3$ 分解		
水泥窑炉排气气筒粉尘 → CO$_2$	环境统计指标	⑥=②×CFC%	CFC%为粉尘含碳量，需要监测数据支持，可采用默认值 0.08~0.15 kg/t（以熟料计）	粉尘排放量/万 t
				—
窑炉旁路放风粉尘 → CO$_2$	SN2		CO$_2$ 排放量 =9 449 500×0.15/1 000=1 417.425 t 归入水泥窑炉排气气筒粉尘→CO$_2$ 合并计算	

表6-21　SN2公司脱硫过程CO₂排放量计算

脱硫过程					
C迁移路径	在脱硫环节，石灰石中的C元素由于CO₃²⁻分解，转移到CO₂中				
化学方程式	CaCO₃+SO₂+H₂O→CO₂+CaSO₃+H₂O				
环境统计指标情况	由于报表中不含石灰石C元素含量指标，难以换算脱硫产生的CO₂；转而用脱硫量推算CO₂排放量。44/64为CO₂与SO₂的相对分子质量比值				
	主要脱硫剂消耗情况	①	②	③=①-②	④=③×44/64
	石灰石/万t	二氧化硫产生量/t	二氧化硫排放量/t	二氧化硫去除量/t	
SN2	200	10 436	428	10 008	CO₂排放量=（75 765-20 525）×44/64=6 880.5 t

表6-22　SN2公司燃料不完全燃烧过程CO₂排放量计算

燃料不完全燃烧→CO₂							
C迁移路径	在燃烧过程中，燃料（燃煤与其他燃料）C元素经氧化过程转移至CO₂，部分C元素残留在炉渣、灰分和废气中						
化学方程式	C+O₂→CO₂						
环境统计指标	(1) 由于环境报表中不含燃油、天然气和煤气中C元素含量，一般用排放系数法计算：排放因子=燃料消耗量×低位发热量×排放因子； (2) F-coalgas为燃油排放系数（0.077 3 kg/MJ×42.3 MJ/kg=3.100 95）； (3) C% EG代表废气碳含量（%）；44/12为元素C和CO₂的相对分子质量比值； (4) 燃料煤平均未燃烧碳含量（%），可由灰分和炉渣碳含量及灰渣量计算，一般在1%左右； (5) 废气中的未燃烧的C主要包含在CO中，碳含量一般为2.5 mg/m³×12/28=5.833 3 mg/m³						
	⑥=①×（②-③）-④×C%_EG					⑦=⑤×F-Oil	⑧=⑥×44/12+⑦
	①	②	③	④	⑤		
	燃料煤消耗量/t	燃料煤平均含碳量/%	燃料煤平均未燃烧碳含量/%	废气排放量/万m³	燃料油消耗量/t	天然气消耗量/万m³	煤气消耗量/万m³
SN2	1 380 000	55.24	1	7 441 400	1 000	0	0
	CO₂排放量=[1 380 000×（55.24%-1%）-7 441 400×10⁴×5.833 3/10⁹]×44/12+1 000×3.100 95=2 740 993 t						

表6-23 不同水泥生产线生产过程数据

序号	生产线	条数	原料消耗 石灰石（大理石）/万t	燃料消耗万t 煤炭消耗量/万t	燃料煤平均含硫量/%	燃料煤平均含碳量/%	煤炭平均低位发热量/(kJ/kg)	水泥/万t	产品 熟料 总产量/万t	熟料中氧化钙含量/%	熟料中氧化镁含量/%
1	新型干法生产线	1 111	99 167.14	13 043.29	1.01	52.4	15 078.07	70 612.04	82 499.13	63.45	2.06

表6-24 不同水泥窑型生产过程数据

序号	窑型	数量	原料消耗 石灰石（大理石）/万t	燃料消耗万t 煤炭消耗量/万t	燃料煤平均含硫量/%	燃料煤平均含碳量/%	煤炭平均低位发热量/(kJ/kg)	水泥/万t	产品 熟料 总产量/万t	熟料中氧化钙含量/%	熟料中氧化镁含量/%
1	干法回转窑	1 111	99 167.14	13 043.29	1.01	52.4	15 078.07	70 612.04	82 499.13	63.45	2.06
2	湿法回转窑	10	272.3	42.59	0.85	53.37	16 388.33	258.83	246.36	65.21	2.01
3	立窑	1 032	11 048.1	1 320.46	1.67	57.15	15 464.96	8 398.03	8 389.65	61.78	2.23
4	普通立窑	96	773.19	123.32	1.98	55.88	14 756.09	591.74	655.97	61.45	2.1
5	机械立窑	644	7 754.41	763.18	1.74	57.06	16 505.56	5 499.13	6 250.43	61.27	2.13

表6-25 不同水泥生产能力过程数据

序号	生产能力/(t/d)	生产线条数/条	窑数/座	原料消耗 石灰石（大理石）/万t	燃料消耗 煤炭消耗量/万t	燃料煤平均含硫量/%	燃料煤平均含碳量/%	煤炭平均低位发热量/(kJ/kg)	水泥/万t	产品 熟料 总产量/万t	熟料中氧化钙含量/%	熟料中氧化镁含量/%
1	500~1 000	445	445	7 625.15	1 166.09	1.38	53.19	14 908.48	6 546.16	7 003.75	63.06	2.14
2	1 000~2 500	732	732	44 716.12	6 078.68	1.01	51.72	15 517.69	34 187.12	36 895.43	63.12	2.12
3	2 500~5 000	521	521	79 752.24	9 899.32	1.04	54.25	13 700.25	53 184.43	64 305.03	63.39	2.11
4	>5 000	90	90	8 057.15	926.09	1.4	56.67	13 038.99	6 252.53	7 096.11	62.38	2.13

表 6-26　按水泥生产线统计 CO_2 产生量　　　　　单位：万 t

序号	生产线	CO_2 产生量		
		总量	原料煅烧	燃料燃烧
1	新型干法生产线	69 645.89	44 585.38	25 060.51

表 6-27　按水泥窑型统计 CO_2 产生量　　　　　单位：万 t

序号	窑型	CO_2 产生量		
		总量	原料煅烧	燃料燃烧
1	干法回转窑	69 645.89	44 585.38	25 060.51
2	湿法回转窑	219.65	136.30	83.34
3	立窑	7 211.86	4 444.84	2 767.02
4	普通立窑	596.85	344.18	252.67
5	机械立窑	4 872.15	3 275.42	1 596.73

表 6-28　按水泥生产能力统计 CO_2 产生量　　　　　单位：万 t

序号	生产能力/（t/d）	CO_2 产生量		
		总量	原料煅烧	燃料燃烧
1	500～1 000	6 037.87	3 763.64	2 274.23
2	1 000～2 500	31 397.12	19 869.51	11 527.61
3	2 500～5 000	54 467.22	34 775.82	19 691.40
4	＞5 000	5 700.56	3 776.24	1 924.32

表 6-29　水泥行业 CO_2 排放系数

序号	分类	CO_2 产生量/万 t			CO_2 排放系数/（t CO_2/t 熟料）
		总量	其中		
			原料煅烧	燃料燃烧	
1	按生产线划分	111 731.58	71 711.41	40 020.17	0.83
（1）	新型干法	69 645.89	44 585.38	25 060.51	0.84
（2）	平均	55 865.79	35 855.7	20 010.09	0.83
2	按窑型划分	112 381.16	71 297.32	41 083.83	0.84
（1）	干法回转窑	69 645.89	44 585.38	25 060.51	0.84
（2）	湿法回转窑	219.65	136.3	83.34	0.89
（3）	立窑	7 211.86	4 444.84	2 767.02	0.86
（4）	普通立窑	596.85	344.18	252.67	0.91
（5）	机械立窑	4 872.15	3 275.42	1 596.73	0.78
（6）	平均	15 879.95	10 226.69	5 653.26	0.85
3	按生产能力	112 249.23	71 648.92	40 600.31	0.84
（1）	500～1 000	6 037.87	3 763.64	2 274.23	0.86
（2）	1 000～2 500	31 397.12	19 869.51	11 527.61	0.85
（3）	2 500～5 000	54 467.22	34 775.82	19 691.4	0.85
（4）	＞5 000	5 700.56	3 776.24	1 924.32	0.80
（5）	平均	22 402.19	14 391.52	8 010.67	0.83

6.3.2 不同地区汇总计算案例

6.3.2.1 活动数据

选择若干地区进行汇总，关于生产线条数、原料消耗、燃料消耗、水泥和熟料等过程数据见表 6-30。

表 6-30 部分地区水泥生产过程数据

序号	生产线条数		原料消耗	燃料消耗				产品			
	总数	其中：新型干法	石灰石（大理石）/万 t	煤炭消耗量/万 t	品质			水泥/万 t	熟料		
					燃料煤平均含硫量/%	燃料煤平均含碳量/%	煤炭平均低位发热量/（kJ/kg）		总产量/万 t	品质	
										熟料中氧化钙含量/%	熟料中氧化镁含量/%
1	146	23	17 103.19	664.74	0.89	68.71	19 411.27	4 755.27	4 814.36	64.91	2.05
2	122	35	858.64	405.06	1.01	50.24	15 306.18	941.44	2 695.27	60.37	2.48
3	353	34	7 119.78	1 177.61	1.05	62.48	16 957.11	5 787.00	7 601.28	59.06	2.36
4	261	39	9 995.85	1 137.66	1.52	57.57	16 163.96	6 096.69	7 980.17	64.77	1.47
5	191	30	2 829.49	432.63	3.21	52.19	12 050.85	1 610.28	3 380.19	61.04	2.20
6	17	8	1 430.22	165.86	0.70	59.70	16 490.44	259.27	1 089.16	65.44	1.94
7	147	49	7 993.46	887.70	1.15	55.22	11 743.70	5 789.19	6 686.46	63.72	2.60
8	52	31	2 473.12	1 039.67	0.46	39.51	14 880.66	1 278.18	3 673.14	64.48	1.91
9	97	39	4 246.56	628.62	1.17	46.45	10 262.10	5 794.43	4 846.30	65.68	1.49
10	166	34	6 362.95	714.20	1.74	54.44	11 152.3	2 455.83	4 937.86	62.22	2.03

6.3.2.2 排放量计算

若干地区汇总后的 CO_2 排放量见表 6-31，不同地区的 CO_2 排放系数（见表 6-32）有一定差异：

（1）整体而言，CO_2 排放系数在 0.58～1.88 t CO_2/t 熟料波动，最高值 1.88 t CO_2/t 熟料，最低值为 0.58 t CO_2/t 熟料，最低值是最高值的 30.85%，平均值为 0.87 t CO_2/t 熟料。

（2）按生产线，新型干法 CO_2 排放系数在 0.76～0.97 t CO_2/t 熟料波动，最高值 0.97 t CO_2/t 熟料，最低值为 0.76 t CO_2/t 熟料，最低值是最高值的 78.35%，平均值为 0.84 t CO_2/t 熟料；非新型干法 CO_2 排放系数在 0.68～1.37 t CO_2/t 熟料波动，最高值为 1.37 t CO_2/t 熟料，最低值为 0.68 t CO_2/t 熟料，最低值是最高值的 49.64%，平均值为 0.86 t CO_2/t 熟料。

（3）按窑型，回转窑 CO_2 排放系数在 0.64～0.99 t CO_2/t 熟料波动，最高值为 0.99 t CO_2/t 熟料，最低值为 0.64 t CO_2/t 熟料，最低值是最高值的 64.65%，平均值为 0.83 t CO_2/t 熟料；干法回转窑 CO_2 排放系数在 0.76～0.97 t CO_2/t 熟料波动，最高值为 0.97 t CO_2/t 熟料，最低值为 0.76 t CO_2/t 熟料，最低值是最高值的 78.35%，平均值为 0.84 t CO_2/t 熟料；湿法回转

窑 CO_2 排放系数在 0.71～1.22 t CO_2/t 熟料波动，最高值为 1.22 t CO_2/t 熟料，最低值为 0.71 t CO_2/t 熟料，最低值是最高值的 58.20%，平均值为 0.94 t CO_2/t 熟料；立窑 CO_2 排放系数在 0.68～1.37 t CO_2/t 熟料波动，最高值为 1.37 t CO_2/t 熟料，最低值为 0.68 t CO_2/t 熟料，最低值是最高值的 49.64%，平均值为 0.89 t CO_2/t 熟料；普通立窑 CO_2 排放系数在 0.73～1.14 t CO_2/t 熟料波动，最高值为 1.14 t CO_2/t 熟料，最低值为 0.73 t CO_2/t 熟料，最低值是最高值的 64.04%，平均值为 0.89 t CO_2/t 熟料；机械立窑 CO_2 排放系数在 0.61～1.88 t CO_2/t 熟料波动，最高值为 1.88 t CO_2/t 熟料，最低值为 0.61 t CO_2/t 熟料，最低值是最高值的 32.45%，平均值为 0.90 t CO_2/t 熟料；其他窑 CO_2 排放系数在 0.60～1.37 t CO_2/t 熟料波动，最高值为 1.37 t CO_2/t 熟料，最低值为 0.60 t CO_2/t 熟料，最低值是最高值的 43.80%，平均值为 0.88 t CO_2/t 熟料。

（4）按生产能力，0～500 t 生产能力 CO_2 排放系数在 0.58～1.79 t CO_2/t 熟料波动，最高值为 1.79 t CO_2/t 熟料，最低值为 0.58 t CO_2/t 熟料，最低值是最高值的 32.40%，平均值为 0.92 t CO_2/t 熟料；500～1 000 t 生产能力 CO_2 排放系数在 0.73～1.23 t CO_2/t 熟料波动，最高值为 1.23 t CO_2/t 熟料，最低值为 0.73 t CO_2/t 熟料，最低值是最高值的 59.35%，平均值为 0.86 t CO_2/t 熟料；1 000～2 500 t 生产能力 CO_2 排放系数在 0.75～0.98 t CO_2/t 熟料波动，最高值为 0.98 t CO_2/t 熟料，最低值为 0.75 t CO_2/t 熟料，最低值是最高值的 76.53%，平均值为 0.85 t CO_2/t 熟料；2 500～5 000 t 生产能力 CO_2 排放系数在 0.74～1.00 t CO_2/t 熟料波动，最高值为 1.00 t CO_2/t 熟料，最低值为 0.74 t CO_2/t 熟料，最低值是最高值的 74%，平均值为 0.85 t CO_2/t 熟料；5 000 t 以上生产能力 CO_2 排放系数在 0.62～0.96 t CO_2/t 熟料波动，最高值为 0.96 t CO_2/t 熟料，最低值为 0.62 t CO_2/t 熟料，最低值是最高值的 64.58%，平均值为 0.81 t CO_2/t 熟料。

（5）不同地区的不同类型排放系数存在差异，企业填报数据质量不高、原辅料来源、生产工艺等因素影响，部分系数已经超出合理范围，需要进一步核实异常值。

表 6-31　部分地区水泥行业 CO_2 排放量　　　　　　　　单位：万 t

序号	CO_2 产生量		
	总量	其中	
		原料煅烧	燃料燃烧
1	4 415.35	2 740.62	1 674.72
2	2 131.50	1 385.33	746.17
3	6 549.18	3 851.35	2 697.83
4	6 748.80	4 347.31	2 401.49
5	2 585.64	1 757.75	827.90
6	968.48	605.41	363.07
7	5 465.61	3 668.25	1 797.36
8	4 826.18	2 815.51	2 010.67
9	3 501.16	1 994.99	1 506.17
10	3 733.79	2 663.15	1 070.64

表 6-32　典型地区水泥行业 CO_2 排放系数　　　　单位：t CO_2/t 熟料

| 代号 | CO_2 排放系数 | | | | | | | | | | | | |
| | 按生产线 | | 按窑型 | | | | | | | 按生产能力/（t/d） | | | |
	新型干法	非新型干法	回转窑	干法回转窑	湿法回转窑	立窑	普通立窑	机械立窑	其他	<500	500～1 000	1 000～2 500	2 500～5 000	>5 000
1	0.95	0.91	0.97	0.95	—	0.88	0.77	0.87	1.00	0.88	0.86	0.92	0.99	—
2	0.76	0.83	0.80	0.76	—	0.93	—	0.89	0.60	0.81	0.83	0.76	0.74	—
3	0.90	0.87	0.71	0.90	—	0.90	1.14	0.79	1.02	0.86	1.00	0.81	0.88	0.92
4	0.90	0.78	0.90	0.90	0.91	0.92	0.90	0.61	1.20	0.67	0.98	0.91	0.92	0.87
5	0.85	0.72	0.79	0.85	0.89	0.75	0.73	0.67	0.62	0.63	0.80	0.84	0.87	0.72
6	0.79	0.85	0.84	0.79	—	—	—	0.76	0.71	0.85	0.84	0.82	0.81	
7	0.80	0.87	0.80	0.80	—	0.89	1.02	1.04	0.77	0.85	0.76	0.79	0.90	0.93
8	0.97	0.85	—	0.97		0.85		0.85		0.86	0.86	0.97	1.00	
9	0.78	0.75	0.76	0.78	—	—	—	—	—	—	0.77	0.86	0.62	
10	0.84	0.80	0.71	0.84	—	0.85	0.89	0.88	0.71	0.89	0.77	0.78	0.75	0.75

6.4　计算结果讨论

6.4.1　排放因子

吴萱（2006）在计算水泥生产中石灰石煅烧 CO_2 气体产生量时，采用了 t 熟料 CO_2 的产生量为 0.54 t，每生产 1 t 水泥将产生 0.41 t CO_2 气体。

邱贤荣等（2012）通过物料平衡和热平衡测定，结合各过程的排放因子，统计计算出一段时间、营运边界内的 CO_2 排放量，生料碳酸盐矿物分解产生的排放量为 541.9 kg，窑炉排气筒（窑头）粉尘中碳酸盐矿物分解产生的排放量为 0.03 kg，窑炉旁路防风粉尘中部分碳酸盐矿物分解量为 0，计算得出统计期内（72 h）水泥窑炉排放总量和单位熟料产品排放量分别为 13 292.35 t 和 820.88 kg/t。采用国家标准《水泥回转窑热平衡测定方法》规范的窑炉排气筒中烟气流量及烟气中 CO_2 含量的手工监测方法，检测和计算得出统计期内（72 h）水泥窑炉排放总量和单位熟料产品排放量分别为 12 691.43 t 和 783.77 kg/t。

王灵秀等（2010）以典型的熟料中 CaO 含量为 65%、MgO 含量为 1.5% 计算原料中碳酸盐分解生成的 CO_2 为 0.527 5 t CO_2/t 熟料；以燃料煤含 65% 碳计算得 2.383 kgCO_2/kg 煤，再根据熟料煤耗计算煅烧用燃料产生的 CO_2。

何宏涛（2009）以典型的熟料中 CaO 含量为 65%、MgO 含量为 1.5% 计算原料中碳酸盐分解生成的 CO_2 为 0.527 t CO_2/t 熟料；窑灰分为窑系统粉尘和旁路粉尘，旁路粉尘通常是完全煅烧的，采用熟料排放因子进行计算，窑系统粉尘不完全煅烧，采用水泥厂实测数据，提出缺乏数据情况下煅烧率更接近于 0 而不是 1；原料中有机碳产生的 CO_2 排放的量化方法为取原料与熟料比为 1.55、原料中有机碳含量为 2 kg/t 进行计算；燃料的 CO_2 排放的量化方法是基于水泥厂实测的燃料消耗、燃料的低位热值，并参考 IPCC 和 CSI 推荐的缺省值（排放因子）来计算，同时考虑了非烧成燃料的使用，主要有不考虑余热利用下的原料烘干用燃料、交通运输用燃料的 CO_2 排放。外购电力产生的 CO_2 排放量化方法与王灵秀等（2010）的相同，外购熟料产生的 CO_2 排放量化方法基于购买的熟料量、熟料的 CO_2 排放因子（取缺省值为 862 kg/t）进行计算。

汪澜（2009）的研究表明：每生产 1 t 熟料需要消耗约 1.3 t 的石灰质原料，水泥窑炉窑头排气筒烟气中的粉尘与水泥熟料组成相同，由粉尘产生的二氧化碳排放量可根据单位粉尘排放浓度进行计算。水泥生料中有机碳含量为 0.1%～1.0%，相当于二氧化碳排放量为 2.4～24 kg/t 熟料。燃料燃烧是水泥生产产生二氧化碳的另一重要气体源，通过单位熟料综合煤耗和排放因子的乘积，可以计算出相应的二氧化碳排放量。由国家有关研究机构推荐的排放因子为 2.46 kg CO_2/kg 标煤，水泥生产企业间接二氧化碳排放主要是由于各工艺过程的电力消耗。

王灵秀等（2010）按每生产 1 t 水泥熟料生成 0.511 t CO_2，对全国具有代表性的几家水泥企业进行了抽样检测，检测及计算结果见表 6-33，国内生产能力在 2 500～6 000 t/d 的水泥企业平均每生产 1 t 水泥熟料排放 0.753 t CO_2。

表 6-33　不同水泥企业吨熟料 CO_2 排放情况调查　　　　　单位：t CO_2/t 熟料

企业代码	碳酸钙分解 CO_2 排放量	煤燃烧 CO_2 排放量	耗电折算 CO_2 排放量	CO_2 总排放量
A	0.515	0.197	0.047	0.759
B	0.507	0.207	0.046	0.760
C	0.512	0.218	0.044	0.773
D	0.515	0.200	0.044	0.758
E	0.509	0.198	0.044	0.751
F	0.510	0.209	0.040	0.759
G	0.516	0.206	0.043	0.765
H	0.521	0.185	0.042	0.747
I	0.508	0.180	0.042	0.730
J	0.508	0.199	0.041	0.747
K	0.510	0.180	0.040	0.730
L	0.508	0.198	0.046	0.752
M	0.507	0.202	0.042	0.751
平均	0.511	0.198	0.043	0.753

韩娟等（2010）在计算排放量中按 1 t 熟料燃烧时约产生 570 kg CO_2、1 kg 标准煤燃烧时约产生 2.46 kg 的 CO_2，各工艺过程电力消耗间接产生的 CO_2 采用 1 kW·h 电力约可间接产生 0.83～0.93 kg CO_2，生料中的碳酸盐分解和少量有机碳燃烧也会产生 CO_2。

国家或地方清单编制采用默认的排放因子，通过使用水泥产量数据估算熟料产量，熟料的排放因子可采用 0.52 t CO_2/t 熟料；在使用的熟料生产数据中，基础排放因子（未修正用于 CKD）为 0.51，假定熟料中有 65% 的 CaO 含量；缺省排放因子不包括对 MgO 的修正，对于从碳酸盐中每衍生出 1% MgO，排放因子就额外增加 0.011 t CO_2/t 熟料（即 EF_{cl} = 0.510 + 0.011 = 0.52 t CO_2/t 熟料）；水泥窑尘的排放修正因子（CF_{ckd}）中，数据缺失时缺省的 CKD 修正因子（CF_{ckd}）为 1.02（即将熟料的 CO_2 排放量提高 2%），如果认为系统中煅烧的 CKD 没有损失，那么 CKD 修正因子为 1.00 t CO_2/t 熟料。

6.4.2 行业排放特征

蒋小谦等（2012）基于水泥产量、熟料产量和单耗变化趋势的分析，经研究计算得到：2015 年我国水泥行业 CO_2 排放将达 13.2 亿 t，比 2010 年增长 12%，其中能源排放 6.3 亿 t，增长 10%，工业过程排放 6.9 亿 t，增长 14%；2020 年我国水泥行业 CO_2 排放为 11.3 亿 t，比 2015 年下降 15%，其中能源排放 5.3 t，下降 16%，工业过程排放 6 亿 t，下降 13%。

韩娟等（2010）根据 2009 年全国水泥产量为 16.3 亿 t，假设全都采用先进的新型干法工艺生产，计算得 2009 年全国水泥工业 CO_2 的理论排放量为 12.53 亿 t。

韦保仁等（2007）采用了日本产业技术综合研究所 LCA 研究中心开发的 NICE（National Integrated CO_2 Emission Model）模型结构，预测 2030 年排放量为 22.574 亿 t。

7 钢铁行业基于环统报表计算 CO_2 排放案例

7.1 环境统计数据质量审核

7.1.1 数据审核

7.1.1.1 环境统计数据审核总体要求

根据"十二五"环境统计数据审核细则,需要对钢铁企业必须填报的基 104 表进行审核,包括完整性、规范性、重要代码准确性、突变指标、逻辑关系、合理性等 6 个方面的审核。

（1）逻辑关系审核

焦炭产量与焦炉煤气消耗量逻辑关系是否合理:1 t 焦炭产生 400～450 m³ 焦炉煤气,通常 1 t 焦炭需要 1.4～1.5 t 煤炭;固体燃料消耗量（炼焦煤消耗量、高炉喷煤量）与烧结矿产量校核:1 t 烧结矿需要消耗 40～50 kg 固体燃料;高炉煤气产生量与生铁产量校核:1 t 生铁产生 1 700～1 800 m³ 高炉煤气;高炉喷煤量与生铁产量校核:1 t 生铁需要消耗 140～200 kg 煤炭。

（2）利用核算公式进行逻辑关系审核

对生铁和粗钢产量等活动水平数据进行审核,烧结/矿产量与烧结机面积校核:烧结矿产量 = 烧结机面积 × 利用系数 × 烧结机运转小时数;铁精矿消耗量与烧结/球团矿产量校核:1 t 烧结矿需要消耗约 0.9 t 铁精矿,1 t 球团矿需要消耗约 1 t 铁精矿;生铁矿产量与烧结/球团矿产量校核:1 t 生铁需要消耗约 1.33 t 烧结矿、0.34 t 球团矿或块矿。

（3）合理性审核

炼焦煤和煤粉的平均含硫量、生铁与粗钢含碳量是否合理,焦炭消耗量与生铁产量对应关系是否合理,根据炼焦煤和煤粉消耗量、粗钢产量核算的吨粗钢煤耗是否合理。

对汇总的钢铁行业综 105 表审核时,在合理性方面包括①与统计部门相关数据相匹配:审核环境统计数据与统计部门公布的相关产品产量数据是否符合逻辑对应关系。②地区或行业平均排放水平:地区或行业的污染物平均排放浓度是否合理,地区或行业的废水排放量占新鲜用水量平均比率是否合理,地区或行业的污染物平均排放强度是否合理。③重点行业平均产排污系数:钢铁行业平均产排污系数是否合理。④非重点估算合理性:审核主要污染物非重点比例是否过高或过低,审核非重点部分用煤炭消耗情况是否合理。⑤行业汇总表与相关部门数据匹配性审核:审核钢铁行业生铁产量、精钢产量等指标与各地区统计公报数据是否匹配。

7.1.1.2 钢铁行业数据审核

（1）审核流程

采用基于环境统计报表计算 CO_2 排放量的方法时，首先需要对环境统计数据展开审核，以提高计算结果的准确度和可信度，从完整性、合理性和正确性三个层面展开。其中完整性是指计算 CO_2 排放量所需要的生铁产量、粗钢产量、炼焦煤与煤粉消耗量、煤气产生量、脱硫量等关键数据是否完整；合理性是指计算 CO_2 排放量所需要的吨钢标准煤耗、燃料煤平均含硫量、吨铁焦炭消耗量、生铁含碳量、粗钢含碳量等关键数据填报是否在合理的阈值范围内；正确性是指计算 CO_2 排放量的精度，通过计算 CO_2 排放量/生铁产量或粗钢产量的比值，与其他来源的数据相比较。

（2）审核表单

数据审核过程中逻辑关系及要点涉及的检查项、检查内容、指标、检验方法、问题性质、检验指标、对 CO_2 计算过程的影响、检查结论描述、操作建议和备注等见表 7-1，数据审核结果输出格式见表 7-2。

（3）审核结果

企业填报环境统计数据时常存在的问题有：①炼焦煤、焦炭和煤粉消耗量、生铁产量、粗钢产量、煤气产生量部分数据缺失；②煤炭平均含碳量、生铁和粗钢含碳量数据超出合理阈值。

7.2 企业层级计算

7.2.1 典型企业计算案例——GT1 公司

7.2.1.1 背景数据收集

可从钢铁冶炼厂内常用表格中收集总体情况、物料消耗量和尾气与废弃物状况。

（1）总体情况

关于钢铁厂的生产经营情况、开工设备等基本情况见表 7-3。

（2）物料消耗

钢铁生产中的物料消耗可从企业生产数据中摘录获得，如表 7-4。

（3）尾气与废弃物

钢铁厂生产过程中排放的废弃物可从《钢铁行业污染物排放量物料衡算标准》、《企业清洁生产审核报告》、《钢铁工业大气污染物排放标准》等信息源中获取，见表 7-5～表 7-13。

表 7-1 钢铁行业 CO_2 排放量数据库检查内容表

流程	检查项	检查内容	指标	检验方法	问题性质	检验指标	对 CO_2 计算过程的影响	检查结论描述	操作建议	备注
步骤1	完整性 1	计算 CO_2 排放量关键数据是否完整	炼焦过程：炼焦煤消耗量、焦炭产量	有无	关键数据缺失，无法使用物料平衡法计算 CO_2 排放量	(1) 炼焦煤消耗量 (2) 焦炭产量	炼焦过程 CO_2 排放量无法计算	缺失炼焦煤消耗量、焦炭产量指标，无法使用物料平衡法计算出炼焦过程 CO_2 排放量	(1) 补充炼焦煤消耗量；(2) 补充焦炭产量	(1) 只有焦炭消耗量数据，其他数据未填交，不作校核，因为没有钢铁产量；(2) 有炼焦消耗量，没有焦炭产量，需补充
					关键数据缺失，无法使用排放系数法计算 CO_2 排放量	(1) 焦炭产量	炼焦过程 CO_2 排放量无法计算	缺失焦炭产量指标，无法使用排放系数法计算出炼焦过程 CO_2 排放量		
			烧结/球团：铁精矿消耗量、石灰石（或白云石）消耗量、煤粉消耗量、高炉煤气消耗量（或焦炉煤气消耗量）、烧结矿产量（或球团矿产量）	有无	关键数据缺失，无法使用物料平衡法计算 CO_2 排放量	(1) 铁精矿消耗量 (2) 石灰石（或白云石）消耗量 (3) 煤粉消耗量 (4) 高炉煤气消耗量（或焦炉煤气消耗量）	烧结或球团过程 CO_2 排放无法计算	缺失铁精矿消耗量、石灰石（或白云石）消耗量、煤粉消耗量、高炉煤气消耗量（或焦炉煤气消耗量）指标，无法使用物料平衡法计算出烧结或球团过程 CO_2 排放量	(1) 补充铁精矿消耗量；(2) 补充石灰石（或白云石）消耗量；(3) 补充煤粉消耗量（或焦炭粉消耗量）；(4) 补充高炉煤气消耗量（或焦炉煤气消耗量）	

流程	检查项	检查内容	指标	检验方法	问题性质	检验指标	对CO₂计算过程的影响	检查结论描述	操作建议	备注
			生铁/炼钢：高炉喷煤量、焦炭消耗量、生铁产量、粗钢产量、生铁含碳量、粗钢含碳量、高炉煤气消耗量、主要脱硫剂消耗量	有无	关键数据缺失，无法使用排放系数法计算CO₂排放量	烧结矿产量（或球团矿产量）	烧结或球团过程使用排放系数法计算CO₂排放量无法计算	缺失烧结矿产量（或球团矿产量）指标，无法使用排放系数法计算出烧结或球团过程CO₂排放量	补充烧结矿产量（或球团矿产量）	
					关键数据缺失，无法使用物料平衡法计算CO₂排放量	(1) 高炉喷煤量； (2) 焦炭消耗量； (3) 粗钢产量与粗钢含碳量（或生铁产量与生铁含碳量）； (4) 高炉煤气消耗量； (5) 主要脱硫剂消耗量	钢铁生产过程CO₂排放无法计算	缺失高炉喷煤量、焦炭消耗量、粗钢产量与粗钢含碳量（或生铁产量与生铁含碳量）、高炉煤气消耗量、主要脱硫剂消耗量指标，无法使用物料平衡法计算出钢铁生产过程CO₂排放量	(1) 补充高炉喷煤量； (2) 补充焦炭消耗量； (3) 补充粗钢产量与粗钢含碳量（或生铁产量与生铁含碳量）； (4) 补充高炉煤气消耗量； (5) 补充主要脱硫剂消耗量	
					关键数据缺失，无法使用排放系数法计算CO₂排放量	粗钢产量（或生铁产量）	钢铁生产过程CO₂排放无法计算	缺失粗钢产量（或生铁产量）指标，无法使用排放系数法计算出钢铁生产过程的CO₂排放量	同上	

流程	检查项	检查内容	指标	检验方法	问题性质	检验指标	对CO_2计算过程的影响	检查结论描述	操作建议	备注
步骤2	合理性	计算CO_2排放量关键数据填报是否合理	炼焦过程：炼焦煤消耗量、焦炭产量	数据单位；是否混淆或超出参考阈值	总量指标单位混淆	(1)炼焦煤消耗量；(2)焦炭产量	炼焦过程CO_2排放量计算有误	炼焦煤消耗量、焦炭产量数据填报不合理	复核炼焦煤消耗量、焦炭产量	
			烧结/球团：铁精矿消耗量、石灰石（或白云石）消耗量、煤粉消耗量、高炉煤气消耗量（或焦炉煤气消耗量）、烧结矿产量（或球团矿产量）	数据单位；是否混淆或超出参考阈值	总量指标单位混淆	(1)铁精矿消耗量；(2)石灰石（或白云石）消耗量；(3)煤粉消耗量（或焦粉消耗量）；(4)高炉煤气消耗量（或焦炉煤气消耗量）；(5)烧结矿产量（或球团矿产量）	烧结/球团过程CO_2排放量计算有误	铁精矿消耗量、石灰石（或白云石）消耗量、煤粉消耗量、高炉煤气消耗量、烧结矿产量（或球团矿产量）数据填报不合理	复核铁精矿消耗量、石灰石（或白云石）、煤粉消耗量、高炉煤气消耗量、烧结矿产量（或球团矿产量）	注意万t与t单位错误
			生铁炼钢：高炉喷煤量、焦炭消耗量、生铁产量、粗钢产量、高炉煤气消耗量、主要脱硫剂消耗量	数据单位；是否混淆或超出参考阈值	总量指标单位混淆	(1)高炉喷煤量；(2)焦炭消耗量；(3)生铁产量；(4)粗钢产量；(5)高炉煤气消耗量；(6)主要脱硫剂消耗量	钢铁生产过程CO_2排放量计算有误	高炉喷煤消耗量、生铁产量、主要脱硫剂消耗量数据填报不合理	复核高炉喷煤量、焦炭消耗量、生铁产量、主要脱硫剂消耗量	
					比例（率）指标超出参考阈值	(1)生铁含碳量；(2)粗钢含碳量	钢铁生产过程CO_2排放量计算有误	生铁含碳量、粗钢含碳量数据超出参考阈值	复核生铁含碳量、粗钢含碳量	单位：%
步骤3	正确性	基于填报数据计算CO_2排放量的精度	物料平衡法排放系数法	是否超出参考阈值	两种方法计算结果差距超出参考阈值	(1)物料平衡法；(2)排放系数法	CO_2排放量计算精度不足	数据质量不高，对CO_2排放计算精度有较大影响	检查填报数据	参考IPCC：（±30%）

表 7-2　钢铁行业 CO_2 排放量数据库检查结果输出格式表

序号	公司名	是否通过审核（是/否）	数据问题及操作建议								
			完整性			合理性			正确性		
			问题1性质	检查结论描述	操作建议	问题2性质	检查结论描述	操作建议	问题3性质	检查结论描述	操作建议

表 7-3　××重点钢铁企业生产经营情况调查表

企业名称：

	指标名称	1 月	2 月	3 月
生产经营情况	现价产值/万元			
	销售额/万元			
	出口交货额/万元			
	钢材产量/万 t			
	应收账款净额/万元			
	主营业务收入/万元			
	利税总额/万元			
	利润总额/万元			
成本及钢材价格变化情况	铁矿石采购价格/（元/t）			
	燃料煤采购价格/（元/t）			
	喷吹煤采购价格/（元/t）			
	炼焦煤采购价格/（元/t）			
	焦炭采购价格/（元/t）			
	平均电价/（元/t）			
	职工平均工资/（元/月）			
	外购钢坯采购价格/（元/t）			
	钢材售价/（元/t）			
开工情况	开工高炉数/高炉总数			
	炼铁开工率（开工时间/日历时间，%）			
	开工转炉数/转炉总数、电炉数/电炉总数			
	炼钢开工率（开工时间/日历时间，%）			
	开工轧钢线数/轧钢线总数			
	轧钢开工率（开工时间/日历时间，%）			
节能减排情况	吨钢综合能耗/kg 标煤			
	吨钢耗新水量/m³			
	废渣综合利用率/%			
	节能减排循环经济综合效益/万元			
资金供求	银行贷款总额/万元			
	贷款满足率/%			

表 7-4　钢铁厂生产过程数据表

序号	企业类型	原辅料消耗量					中间产品	最终产品						
		煤/万 t		铁精矿/万 t	石灰石/万 t	天然气/万 m³	球团矿/万 t	煤气/万 m³			生铁/万 t	生铁含碳量/%	粗钢/万 t	粗钢含碳量/%
		原煤	焦炭					总量	其中:高炉煤气	焦炉煤气				
1	炼铁													
2	炼钢													
3	铸造													
4	合计													

表 7-5　××烧结厂生产过程中废气产生及排放情况调查表

烧结机机头和机尾产生的废气污染物						
	SO_2	CO_2	NO_x	CO	含尘浓度	除尘系统风量/（m³/h）
机头净化前/后废气成分/（mg/m³）						
机尾净化前/后废气成分/（mg/m³）						
烧结机配料除尘系统						
烧结机成品除尘系统						
烧结原料配比/%						
混合料含水量/%		混合料固定碳燃烧生成 CO 部分/%				
混合料含硫量/（kg/t）		混合料固定碳燃烧生成 CO_2 部分/%				
烧结矿成品率/%		烧结时混合料损失的氧量/%				
料层中过剩空气系数		抽风机入口处废气的绝对温度/K				
抽风机的负压/kPa		混合料返矿含量/%				

表 7-6　××球团矿生产过程中废气的产生及排放情况调查表

竖炉型号及规格					
球团矿年产量/（万 t/a）					
球团生产用的燃料	□煤气	□重油	□煤粉（□无烟煤 □贫煤）		□焦粉
燃料用量/（kg/t 或 m³/h）					
除尘设备名称			除尘设备型号规格		
除尘效率					

净化前后烟气量及成分						
	CO_2	CO	NO_x	SO_2	烟气量/（m³/h）	含尘浓度/（mg/m³）
烟气净化前成分/%						
烟气净化后成分/%						

表 7-7　××钢铁厂高炉炼铁生产过程中废气产生及排放情况调查表

高炉煤气成分及含尘浓度/（mg/m³）							
		SO_2	CO	CO_2	NO_x	含尘浓度/（mg/m³）	煤气量/（m³/t）
1	除尘前						
	除尘后						
2	除尘前						
	除尘后						

高炉煤气成分及含尘浓度/（mg/m³）							
		SO_2	CO	CO_2	NO_x	含尘浓度/（mg/m³）	煤气量/（m³/t）
3	除尘前						
	除尘后						
4	除尘前						
	除尘后						
5	除尘前						
	除尘后						

出铁场烟气产生及排放情况			
除尘设备名称		设备型号	
除尘效率/%		规格（处理能力）	
每炉每天出铁次数	次	每次出铁时间	min
	烟尘浓度/（mg/m³）	SO_2 含量	除尘系统风量/（m³/h）
烟气除尘前			
烟气除尘后			

高炉矿槽产生及排放情况			
除尘设备名称		设备型号	
除尘效率/%		规格（处理能力）	
	粉尘浓度/（mg/m³）	除尘系统风量/（m³/h）	
烟气除尘前			
烟气除尘后			

表 7-8 ××钢铁厂转炉炼钢生产过程中废气的产生及排放情况调查表

转炉烟气量及成分/%						
	SO_2/（mg/m³）	CO/（mg/m³）	CO_2/（mg/m³）	NO_x/（mg/m³）	烟气量/（m³/h）	含尘浓度/（mg/m³）
除尘前						
除尘后						
转炉煤气回收量/（m³/t） 回收率/%			转炉废气排放量/（m³/t）			
转炉炉前二次除尘装置名称	□布袋除尘 □静电除尘		除尘效率			
二次除尘能力/（m³/h）			烟气处理前/后的含尘量/（mg/m³）			
铁水倒罐间除尘装置名称	□布袋除尘 □静电除尘		除尘效率			
铁水倒罐间处理前/后的 烟气量/（m³/h）			烟气处理前/后的含尘量/（mg/m³）			
铁水倒罐间的实际作业率/%						

表 7-9　××钢铁厂铁水预处理过程中烟气产生及排放情况调查表

烟气产生量/排放量/（m³/h）			
除尘效率/%			

烟气成分					
	SO_2/ （mg/m³）	CO/ （mg/m³）	CO_2/ （mg/m³）	NO_x/ （mg/m³）	烟尘/ （mg/m³）
□ 铁水预脱硫处理					
□ 铁水预脱磷处理					
□ 铁水预脱硅处理					

表 7-10　××钢铁厂炉外精炼生产过程中废气的产生及排放情况调查表

除尘效率			
烟气产生量/（m³/h）		烟气含尘浓度/（g/m³）	
炉气实际排放量/（m³/h）			

净化前、后烟气成分及含尘量				
	CO_2	CO	SO_2	NO_x	烟尘/（mg/m³）
净化前/%					
净化后/%					

表 7-11　××钢铁厂电弧炉炼钢生产过程中废气的产生及排放情况调查表

电弧炉烟气量及成分						
		SO_2/ （mg/m³）	CO_2/ （mg/m³）	CO/ （mg/m³）	NO_x/ （mg/m³）	烟气量/ （m³/t）	含尘浓度/ （mg/m³）
1 号炉	除尘前						
	除尘后						
2 号炉	除尘前						
	除尘后						
3 号炉	除尘前						
	除尘后						
4 号炉	除尘前						
	除尘后						

电炉车间烟气除尘情况			
电炉车间除尘设备名称、 规格及处理能力		除尘效率	

电炉车间烟气中的烟尘成分				
	CO	CO_2	SO_2	含尘浓度/（mg/m³）	
除尘前/%					
除尘后/%					

表 7-12   ××钢铁厂炉外精炼生产过程中废气的产生及排放情况调查表

烟气产生总量/（m³/h）		烟气含尘浓度/（g/m³）		
炉气实际排放总量/（m³/h）				
净化前、后烟气成分及含尘量				
	CO_2	CO	SO_2	NO_x	烟尘/（mg/m³）
净化前/%					
净化后/%					

表 7-13   ××轧钢厂生产过程中废气产生及排放情况调查表

加热炉烟气排放量/（m³/h）		除尘效率/%		
加热炉烟气成分				
	CO_2	CO	NO	SO_2	NO_x
燃烧前烟气成分/%					
燃烧后烟气成分					
烟气实际温度					

7.2.1.2   活动数据

假设 GT1 公司 2011 年有 2 个烧结/球团设备作业，消耗炼焦煤 234.84 万 t，铁精矿 597.68 万 t，石灰石消耗 13.5 万 t，焦炭 165.521 8 万 t，煤粉 6.36 万 t，焦粉 24.52 万 t；生产焦炭 171.85 万 t，生铁 393.12 万 t，粗钢 386.37 万 t，钢材 365.14 万 t，煤气消耗量为 591 797.31 万 m³，烧结矿 598.36 万 t。

7.2.1.3   排放量计算

GT1 公司炼焦、高炉炼铁、转炉炼钢、煤气燃烧、脱硫、废气排放等过程的排放量计算过程见表 7-14 和表 7-19，CO_2 排放量为 6 414 875.53 t，按粗钢的排放系数为 1.66 t/t。

7.2.2   典型企业计算案例——GT2 公司

7.2.2.1   活动数据

假设 GT2 公司 2012 年有 6 个烧结/球团设备作业，共消耗铁精矿 269.13 万 t，石灰石 7.24 万 t，焦炭 130.13 万 t，煤粉 6.36 万 t，焦粉 6.57 万 t，煤气产生量 376 594 万 m³；生产生铁 220.01 万 t，粗钢 212.1 万 t，烧结矿 598.04 万 t。

7.2.2.2   排放量计算

GT2 公司高炉炼铁、转炉炼钢、煤气燃烧、脱硫、废气排放等过程的排放量计算过程见表 7-20～表 7-25，2011 年 CO_2 排放量为 3 684 982 t，按粗钢的排放系数为 1.74 t/t。

表 7-14　GT1 公司炼焦过程 CO₂ 排放量计算

炼焦过程→CO₂				
C 迁移路径	炼焦煤中的 C 元素转移到焦炭和焦炉煤气中的 CO、CO₂ 以及其他碳氢化合物			
化学方程式	C（炼焦煤）→C（焦炭）+C（焦炉煤气）		（1）炼焦燃料使用来自燃料煤和焦炉煤气； （2）LJM——炼焦煤平均含碳量，%； （3）煤气作为燃料，燃烧释放 CO₂	
环境统计指标	炼焦煤消耗量/万 t	C 元素量②×LJM ①	焦炭产量/万 t	焦炉煤气产生量/万 m³
GT1	234.84	C 元素量②=234.84×73%×10⁴=1 714 332 t	165.52	2 331.47

表 7-15　GT1 公司高炉炼铁过程 CO₂ 排放量计算

高炉炼铁→CO₂							
C 迁移路径	经过煅烧过程、铁精矿、焦炭、焦粉和石灰石中的 C 元素转移到生铁和高炉煤气中						
化学方程式	5C（原料和燃料）+2O₂+H₂O→C（生铁）+CO₂+3CO+H₂ C 元素量③=②×PMC				（1）有部分 C 元素固化在生铁中、未形成 CO₂； （2）PMC——喷煤平均含碳量，%； （3）煤气作为燃料，燃烧释放 CO₂		
环境统计指标	铁精矿消耗量/万 t	煤粉消耗量②/万 t	焦炭消耗量/万 t	石灰石消耗量/万 t	生铁产量/万 t	生铁含碳量/%	高炉煤气产生量/万 m³
GT1	597.68	6.36	165.52	13.50	393.12	4.41	465 678.02
		C 元素量③=6.36×61%×10 000=38 796 t					

表 7-16　GT1 公司转炉炼钢过程 CO₂ 排放量计算

转炉炼钢→CO₂					
C 迁移路径	炼钢过程中，生铁中的 C 元素部分转移到粗钢当中，部分逸出 CO₂ 和 CO，形成转炉煤气				
化学方程式	4C（生铁）+2O₂→C（粗钢）+CO₂+2CO ⑥=④×⑤			生铁中的部分 C 逸出 CO₂ 和 CO，剩余部分固化在粗钢中	
环境统计指标	生铁产量/万 t	生铁含碳量/%	粗钢产量/万 t ④	粗钢含碳量/% ⑤	转炉煤气产生量/万 m³
GT1	393.12	4.41	386.37	0.04	123 787.82
				C 元素量⑥=386.37×0.04%×10 000=1 545.48 t	

表7-17　GT1公司煤气燃烧过程 CO_2 排放量计算

	C迁移路径	在炼焦—炼铁—炼钢—后续工序过程中，煤气中的C燃烧生成 CO_2
煤气 燃烧→ CO_2	化学方程式	$2CO+O_2 \rightarrow CO_2$ ；$C_mH_n+O_2 \rightarrow CO_2+H_2O$
	环境统计指标	煤气消耗量/万 m^3 ；由炼焦—炼铁—炼钢—后续工序过程中，煤气中的C燃烧生成 CO_2
	GT1	591 797.31

表7-18　GT1公司脱硫过程 CO_2 排放量计算

	C迁移路径	在脱硫环节，石灰石中的C元素由于 CO_3^{2-} 分解，转移到 CO_2 中			
脱硫过程	化学方程式	$CaCO_3+SO_2+H_2O \rightarrow CO_2+CaSO_3+H_2O$			
	环境统计指标	主要脱硫剂消耗情况—石灰石/万t	二氧化硫产生量/万t ⑦	二氧化硫排放量/t ⑧	二氧化硫去除量/t ⑨=（⑦-⑧）×44/64
	GT1	13.5	15 253	5 004	10 249

由于报表中不含石灰石C元素含量指标，难以换算脱硫产生的 CO_2 ；转而用脱硫量推算 CO_2 排放量。44/64为 CO_2 与 SO_2 的相对分子质量比值

CO_2 排放量⑨=10 249×44/64=16 777.1 t

表7-19　GT1公司 CO_2 排放总量计算

	C迁移路径	有一部分CO随废气排放，未完全燃烧
废气 排放 过程	环境统计指标	废气中的未燃烧的C主要包含在CO中，碳含量一般为 2.5 mg/ m^3 ×12/28=5.8 mg/ m^3 ；11=⑩×CSFQ；废气排放量/万 m^3 ⑩；C元素量 11=114 595 831×10⁴×5.8/10⁹=6 646.558 t
	GT1	11 459 583
	CO_2 排放量计算	（②+③-⑥-11）×44/12+⑨=（1 714 332+38 796-1 545.48-6 646.558）×44/12+16 777= 6 414 875.53 t ；44/12为 CO_2 和C的相对分子质量比值

表 7-20 GT2 公司炼焦过程 CO_2 排放量计算

炼焦过程→CO_2	C 迁移路径	炼焦煤中的 C 元素转移到焦炭和焦炉煤气中的 CO、CO_2 以及其他碳氢化合物				备注
	化学方程式	C（炼焦煤）→C（焦炭）+C（焦炉煤气）				(1) 炼焦燃料使用来自燃料煤和焦炉煤气;
	环境统计指标	C 元素量① ②×LJM	炼焦煤消耗量/万 t	焦炭产量/万 t	焦炉煤气产生量/万 m³	(2) LJM——炼焦煤平均含碳量，%; (3) 煤气作为燃料，燃烧释放 CO_2
	GT2	0	0	0	0	焦炭外购，直接排放为 0

表 7-21 GT2 公司高炉炼铁过程 CO_2 排放量计算

高炉炼铁→CO_2	C 迁移路径	经过烧结过程、焦炭、焦粉和石灰石中的 C 元素转移到生铁和高炉煤气中							备注
	化学方程式	5C（原料和燃料）+2O_2+H_2O→C（生铁）+CO_2+3CO+H_2							(1) 有部分 C 元素固化在生铁中，未形成 CO_2;
	环境统计指标	C 元素量③ ②×PMC	铁精矿消耗量/万 t	焦炭消耗量/万 t	② 煤粉消耗量/万 t	石灰石消耗量/万 t	生铁产量/万 t	生铁含碳量/%	高炉煤气产生量/万 m³	(2) PMC——喷煤平均含碳量，%; (3) 煤气作为燃料，燃烧释放 CO_2
	GT2		269.13	130.13	6.4（焦粉）	7.24	220.01	4	293 743.32	C 元素量③=136.4×73%×10 000=995 720 t

表 7-22 GT2 公司转炉炼钢过程 CO_2 排放量计算

转炉炼钢→CO_2	C 迁移路径	炼钢过程中，生铁中的 C 元素部分转移到粗钢当中，部分逸出 CO_2 和 CO，形成转炉煤气					备注
	化学方程式	4C（生铁）+2O_2→C（粗钢）+CO_2+2CO					
	环境统计指标	C 元素量⑥ ④×⑤	生铁产量/万 t	生铁含碳量/%	④ 粗钢产量/万 t	⑤ 粗钢含碳量/%	转炉煤气产生量/万 m³	生铁中的部分 C 逸出，剩余部分固化在粗钢中
	GT2		220.01	4	212.1	0.05	82 850.68	C 元素量⑥=212.1×0.05%×10 000=1 060.5 t

表 7-23 GT2 公司转炉炼钢过程 CO₂ 排放量计算

煤气 ↓ 燃烧 ↓ CO₂	C 迁移路径	在炼焦—炼铁—炼钢—后续工序过程中，煤气中的 C 燃烧生成 CO₂	
	化学方程式	$2CO+O_2 \rightarrow CO_2$ $C_mH_n+O_2 \rightarrow CO_2+H_2O$	
	环境统计指标	高炉煤气消耗量/万 m³	由炼焦—炼铁—炼钢—后续工序过程中，煤气中的 C 燃烧生成 CO₂
	GT2	376 594	

表 7-24 GT2 公司脱硫过程 CO₂ 排放量计算

脱硫过程	C 迁移路径	在脱硫环节，石灰石中的 C 元素由于 CO_3^{2-} 分解，转移到 CO₂ 中			
	化学方程式	$CaCO_3+SO_2+H_2O \rightarrow CO_2+CaSO_3+H_2O$			
	环境统计指标	主要脱硫剂消耗 情况—石灰石/t	二氧化硫产生量 ⑦	二氧化硫排放量/t ⑧	二氧化硫去除量/t ⑨=（⑦−⑧）×44/64
	GT2	10 283.715	7 971.774	2 311.941	CO₂ 排放量⑨=（75 765−20 525）×44/64=37 977.5 t

由于报表中不含石灰石 C 元素含量指标，难以换算脱硫产生的 CO₂；转而用脱硫剂推算 CO₂ 排放量。44/64 为 CO₂ 与 SO₂ 的相对分子质量比值

表 7-25 GT2 公司 CO₂ 排放总量计算

废气排放过程	C 迁移路径	有一部分 CO 随废气排放，未完全燃烧	
	环境统计指标	废气排放量/万 m³ ⑩	废气中的未燃烧的 C 主要包含在 CO 中，碳含量一般为 2.5 mg/m³×12/28=5.8 mg/m³ C 元素量 11=376 594×10⁴×5.8/10⁹=21.842 t
		11=⑩×CSFQ	44/12 为 CO₂ 和 C 的相对分子质量比值
	GT2	376 594	

CO₂ 排放量计算	GT2	（③−⑥−11）×44/12+⑨=（995 720−1 060.5−21.842）×44/12+37 977.5=3 684 982 t

7.3 汇总层级计算

7.3.1 不同生产类型汇总计算案例

7.3.1.1 活动水平数据

选择按制铁和炼钢做汇总案例，关于原辅料消耗、中间产品和最终产品等过程数据见表 7-26。

表 7-26 不同生产类型活动数据

序号	生产类型	原辅料消耗量					中间产品	最终产品					
		煤/万 t		铁精矿/万 t	石灰石/万 t	天然气/万 m³	球团矿/万 t	煤气/万 m³			生铁/万 t	粗钢/万 t
		原煤	焦炭					总量	其中：高炉煤气	焦炉煤气		
1	制铁	2 448.28	7 320.92	373 561.52	21 451.33	3 697.92	36 136.15	7 805 648.64	7 106 823.13	698 825.51	27 826.83	8 679.96
2	炼钢	6 798.36	16 411.2	65 066.7	9 491.56	95 463.21	74 879.26	62 189 583.49	37 135 817.39	25 053 766.1	47 799.4	53 104.11

7.3.1.2 排放量计算

按生产类型统计 CO_2 排放量和排放系数见表 7-27，按生铁排放系数为 0.58 t/t，按粗钢排放系数为 1.09 t/t。

表 7-27 不同类型企业 CO_2 排放量与排放系数

序号	企业类型	二氧化碳产生量/万 t	排放系数	
			生铁排放系数/（t CO_2/t 生铁）	粗钢排放系数/（t CO_2/t 粗钢）
1	制铁	16 096.22	0.58	—
2	炼钢	17 217.58	—	1.09

7.3.2 不同地区汇总计算案例

7.3.2.1 活动数据

选择若干地区做汇总案例，关于原辅量、中间产品和最终产品等过程数据见表 7-28。

7.3.2.2 排放量计算

若干地区汇总后的 CO_2 产生量和排放系数见表 7-29，不同地区的 CO_2 排放系数有一定差异，生铁排放系数在 0.39～0.78 t CO_2/t 生铁，平均值为 0.56 t CO_2/t 生铁；粗钢排放系数在 1.1～1.38 t CO_2/t 粗钢，平均值为 1.25 t CO_2/t 粗钢；其中生铁排放系数偏低，可能受企业填报数据质量的影响。

表 7-28　部分地区钢铁冶炼过程数据

序号	原辅料消耗量					中间产品	最终产品				
	煤/万 t		铁精矿/万 t	石灰石/万 t	天然气/万 m^3	球团矿/万 t	煤气/万 m^3			生铁/万 t	粗钢/万 t
	原煤	焦炭					总量	其中：高炉煤气	焦炉煤气		
1	454.47	939.39	73 056.47	6 214.01	0.00	8 065.68	651 576.33	650 901.33	675.00	2 713.25	906.68
2	131.94	311.22	1 242.89	93.40	0.00	1 451.19	573 270.00	567 158.00	6 112.00	851.53	522.40
3	274.81	800.48	2 768.90	52.94	0.00	2 894.73	964 830.95	958 359.55	6 471.40	11 438.74	1 305.22
4	508.57	1 631.53	225 238.05	5 626.68	0.00	6 226.76	1 715 028.69	1 514 115.86	200 912.83	3 995.09	1 692.64
5	347.06	778.09	3 125.39	139.73	0.00	3 573.09	180 816.43	163 126.95	17 689.48	2 101.97	670.08
6	180.66	551.46	3 071.33	970.80	0.00	3 124.09	1 183 168.55	1 157 239.97	25 928.57	1 553.20	807.73
7	113.15	384.51	1 906.76	90.63	122.21	1 836.28	157 096.21	139 973.08	17 123.13	733.84	89.13
8	89.37	426.27	7 058.40	30.82	0.00	1 406.39	288 225.77	211 243.27	76 982.50	831.32	681.56

表 7-29　部分地区钢铁行业 CO_2 产生量和排放系数

序号	二氧化碳产生量/万 t	排放系数	
		生铁排放系数/（t CO_2/t 生铁）	粗钢排放系数/（t CO_2/t 粗钢）
1	989.33	0.67	1.28
2	495.7	0.51	1.1
3	3 047.63	0.78	1.38
4	149.23	0.56	1.11
5	929.79	0.62	1.27
6	1 087.69	0.39	1.17
7	676.27	0.48	1.38
8	130.12	0.49	1.35

7.4　计算结果讨论

7.4.1　排放因子

白皓等（2010）分析了典型的长流程钢铁企业，洗精煤的使用量是影响吨钢 CO_2 排放量的因素之一，1 600 万 t 钢产量规模的排放因子为 1.99 t/t，1 800 万 t 钢产量规模的排放因子为 2.01 t/t。周和敏等（2002）对生产规模和生产流程基本相同的某两个钢厂（T 钢厂和 H 钢厂）高炉转炉工艺流程进行调研，转炉钢吨粗钢 CO_2 累积排放量为 2 102 kg。蔡九菊等（2008）基于物质流动和能量流动过程两部分，选择了典型企业进行测算排放因子，约在 1.96～2.36 t CO_2/t 钢。

张敬等（2009）从燃料组成、工序能耗、技术工艺、资源效率几个方面分析了钢铁行业 CO_2 排放的影响因素，其中钢铁工业燃料的使用主要分为煤炭（煤炭和焦炭的总和）、电力、燃料油和天然气四大部分。燃烧每吨煤炭、石油和天然气的 CO_2 排放量分别为 0.70 t、0.54 t 和 0.39 t。技术工艺影响因素分析有关资料显示，每生产 1 t 钢，采用高炉工艺将排放出 2.5 t 的 CO_2，电炉工艺也要排放 0.5 t 的 CO_2。

张肖等（2012）采用物料平衡法和经验计算法计算了典型焦炭厂的 CO_2 排放量，使用物料衡算法有较高的准确性，经验计算法虽然计算简单，但只能得到估算值，其准确性缺乏验证依据。王亮等（2012）利用碳平衡计算高炉工序的吨铁 CO_2 排放量，2 000 t 级高炉的吨铁 CO_2 排放量为 1 185.9 kg，其中 95% 的排放是由高炉煤气产生，而仅有另外 5% 的排放是由电力等动力消耗产生。张维巍（2010）从工序差异分析了钢铁行业 CO_2 排放的影响因素，包括燃料组成、工序能耗、技术工艺、资源效率。

上官方钦等（2010a）研究得出传统 BF-BOF 长流程由能源消耗引起的 CO_2 排放约为 2.15 t CO_2/t 钢，其中炼铁全系统占整个流程的 86.16%，而全废钢电炉短流程由能源消耗引起的 CO_2 排放约为 585.159 kg CO_2/t 钢。

在国家清单编制工作中采用了表 7-30 中的默认值，省级清单可采用推荐的排放因子或基本参数，见表 7-31。

表 7-30　国家 GHC 清单焦炭生产和钢铁生产基于产量的缺省 CO_2 排放因子

熔渣、焦炭和炼铁		炼钢方法	
过程	排放因子	过程	排放因子
熔渣生产/（t CO_2/t 熔渣）	0.20	碱性氧气转炉（BOF）/（t CO_2/t 钢）	1.46
焦炉/（t CO_2/t 焦炭）	0.56	电弧炉（EAF）/（t CO_2/t 钢）	0.08
铁生产/（t CO_2/t 生铁）	1.35	平炉（OHF）/（t CO_2/t 钢）	1.72
直接还原铁生产/（t CO_2/t DRI）	0.70	全球平均因子/（65% BOF，30% EAF，5% OHF）（t CO_2/t 钢）	1.06
芯块生产/（t CO_2/t 芯块）	0.03		

表 7-31　省级清单推荐的钢铁生产过程排放因子或基本参数

类别	单位	数值	类别	单位	数值
石灰石消耗	t CO_2/t 石灰石	0.430	生铁平均含碳量	%	4.1
白云石消耗	t CO_2/t 白云石	0.474	钢材平均含碳量	%	0.248

7.4.2　行业排放特征

上官方钦等（2010a）根据碳平衡原理计算，钢铁工业 CO_2 排放 =（碳输入 − 碳输出）× 44/12，2005 年中国钢铁工业 CO_2 直接排放量约为 7.15 亿 t，2007 年 CO_2 直接排放量约为 9.12 亿 t。

8 CO₂排放统计监测数据应用服务

8.1 国内环境管理服务

在应对气候变化时，无论是出台命令控制类的政策措施，还是经济类的政策措施，如果缺乏准确的、系统的排放数据，则不能完成政策措施分析，尤其是行业和企业层面上的排放量和减排量的可测量、可报告、可核查；同样，出台执行《京都议定书》联合履约、排放贸易或清洁发展机制的国内细则方面，都需要监测统计为核算或评估提供数据支持基础。统计监测出具体的数据是推进温室气体管理政策措施从粗放的定性管理向科学的定量管理转变的基础，也使排放许可与交易、总量控制、碳税等技术措施成为可能。

国内温室气体排放数据服务十分薄弱，不仅提供的数据种类有限，而且服务应用较少，主要集中在国际履约谈判与国内节能减排两个方面。

8.1.1 国际履约谈判

截至目前，我国已经开展了两次国家级温室气体清单编制工作，早在 2004 年向《联合国气候变化框架公约》缔约方大会提交的《中国气候变化初始国家信息通报》，报告了 1994 年我国温室气体清单；2005 年国家温室气体清单的编制工作已于 2008 年启动，在 2011 年的《中国气候变化第二次国家信息通报》中报告了 2005 年我国温室气体清单。

8.1.2 国内节能减排

2012 年 6 月国务院印发实施《温室气体自愿减排交易管理暂行办法》，旨在推动实现我国 2020 年单位国内生产总值二氧化碳排放强度下降目标。《国民经济和社会发展第十二个五年规划纲要》提出逐步建立碳排放交易市场。北京市、天津市、上海市、重庆市、广东省、湖北省和深圳市等 7 个省市着手开展了碳排放交易试点，越来越多的国内企业自觉开展了温室气体排放统计监测行动。

8.1.3 应用服务拓展

未来在提高 CO₂ 统计监测数据服务能力上，在继续加强为国际履约谈判提供坚实数据基础上，需要在国内节能减排方面拓展服务。行业和地方层面，为分析不同类型与规模企业、不同行业、不同地区 CO₂ 排放特点提供数据支撑，为行业与地方节能减排考评提供科学依据，为促进产业结构向低碳经济模式转变提供决策依据；企业层面，为企业提供 CO₂ 排放数据，促进其改进工艺过程、加大技术创新及改善管理模式以减少二氧化碳的排放量，为企业参与自觉自愿减排二氧化碳市场提供权威数据；公众层面，为公众提供 CO₂ 排放数据，促进其改变出行方式、加大对低碳经济的认知度以及低碳生活模式以减少二氧化碳的排放量，为公众参与自觉自愿低碳环保生活提供权威数据。

8.2　国外环境管理服务

发达国家开展温室气体排放的统计监测工作相对较早，数据服务领域较广，已经逐渐成为应对气候变化环境管理工作的基础。

8.2.1　美国

8.2.1.1　国家环境保护局

美国国家环境保护局（http://www.epa.gov）发布了《温室气体强制报告制度》，收集温室气体排放数据，制定温室气体排放总量控制和排放许可证制度，提出实施总量控制的指标，监督实施过程，负责实施目标责任制，督查、督办、考核、核查温室气体减排任务的完成情况。此外，还负责建立健全应对气候变化方面的环境保护基本制度，拟订、组织实施相关政策与规划，起草法律法规草案，制定部门规章，组织制定有关温室气体排放与控制的标准、基准和技术规范，牵头协调各地方和政府部门关于温室气体排放量的控制行动，协调编制国家温室气体清单报告。

为帮助政府部门和公众关注气候变化，促使其参与到减排的行列当中，美国国家环境保护局从社会、生态系统、健康等众多角度对气候变化的影响进行分析，并公布分析结果来引导公众。

8.2.1.2　能源部

美国能源部（the Department of Energy，DOE，http://www.energy.gov）在应对气候变化行动中主张在提高能源效率方面作出努力，致力于减少美国对外国石油的依赖，开发建筑、住宅、交通、电力系统及其他行业的节能技术。

政策和国际事务办公室是美国能源部内协调和实施与该部相关的气候变化政策和举措的重要机构，气候变化政策和技术处又是该办公室中提供配套政策、规划、技术和分析服务的部门。政策和国际事务办公室向其他联邦机构和机构间政策委员会提供与气候相关的政策、技术和温室气体减排方案。

美国气候变化技术机构是美国能源部牵头开发和部署温室气体捕捉、储存和减排的技术机构，分析、提供有关温室气体减排战略方面的建议，推动跨机构的投资、研究和开发，并通过市场和政府促进与其他国家的研发合作。

能源效率和可再生能源办公室专注于清洁能源技术，其工作涵盖 10 个能源程序，其中每个都致力于减少温室气体的排放。

化石能源办公室（Office of Fossil Energy）推行多个有利于减少二氧化碳排放量的措施，包括提高化石能源系统效率、捕集和储存温室气体。可行的能源煤和其他化石燃料的碳捕获和储存（Carbon Capture and Storage，CCS）技术在温室气体减排中也发挥着举足轻重的作用。通过该办公室，美国能源部正在实施几个大型的 CCS 项目，将 CCS 从概念变为现实。

8.2.1.3 国会

温室气体排放数据是美国国会（United States House of Representatives，http://www.house.gov/）制定相关应对气候变化方面的环境保护法律的基础，也是国会预算办公室制定国家温室气体减排预算法案的基础。

8.2.1.4 农业部

美国农业部（United States Department of Agriculture USDA，http://www.usda.gov）依据温室气体排放监测数据制定、完善关于农产品生产及农作物种植、环境美化、森林保护等方面的农业可持续发展战略。

气候变化项目办公室是美国农业部协调农业、农村和林业制定应对全球气候变化计划和出台相关政策的重要部门。该办公室对气候变化效应提出分析评估报告及应对策略，协调其他联邦机构的应对活动，与农业和林业气候变化的立法部门互动。在关注气候变化对农业发展的影响的过程中，美国农业部对温室气体估算工具的发展提出了要求，并制定、实施了奖励措施，用以帮助农业生产者适应全球气候变化的影响。

8.2.2 德国

德国早在 2009 年就提出至 2020 年实现与 1990 年相比减少 40%温室气体排放量的政策目标，欧盟也将之前 20%的减排目标提高到 30%。

德国在应对全球气候变化工作中，十分注重采用政治与经济相结合的措施。在"气候友好的德国投资"项目中研究发现，目前德国共有将近 180 万人在环境领域从事相关工作，约占全国工作岗位总数的 4.5%，而 2004 年只有 3.8%。随着可再生资源、环保技术出口及环保化服务的强劲增长，德国到 2020 年的减排目标将会创造约 500 万个就业机会，到 2030 年甚至可以达到 800 万个。

作为欧盟成员国之一，德国在按照欧盟要求主动报告温室气体排放数据的同时，其政府各部门也结合监测数据制定和完善应对气候变化决策。

8.2.2.1 环境、自然保护和核安全部

德国联邦环境、自然保护和核安全部（Federal Ministry for the Environment，Nature Conservation and Nuclear，BMU，http://www.bmu.de）利用温室气体排放统计与监测获取的数据进行跨部门的环境立法、制定应变气候变化环境政策、保护和实现自然的可持续利用；同时，协调各州、地方政府和协会之间的合作关系，保证温室气体数据应用工作的顺利进行。

为了更有效地配合国家温室气体减排政策、欧盟及国际上的相关部署要求，结合温室气体排放数据，联邦环境、自然保护和核安全部于 2007 年 8 月通过了《综合能源与气候变化方案》（The Integrated Energy and Climate Change Programme，IECP，http://www.bmu.de/klimaschutz/nationale_klimapolitik/doc/44497.php），制定了具体的提高能源效率、实现温室气体的减排方案，确定了到 2020 年基本应对气候变化的控制性目标：①在全球范围内，

温室气体排放量较 1990 年减少 40%；②电力生产中可再生资源的份额至少应为 30%；③热量生产中可再生资源的份额应为 14%；④在不对生态系统和食品安全造成威胁的前提下，增加生物燃料的使用量；⑤在可持续发展战略范围内，要实现能源效率较 1990 年增加 1 倍的目标。

（1）能源效率方面

致力于推动修订的《热电联产法》，提出将热电联产电厂的比例由现在的 12% 增加约 1 倍，到 2020 年达到 25%，并在给定的更小供应对象范围内，对热电联产机组的市场开发和应用进行额外奖励；引进智能电表和负载依赖率，要求智能电表必须安装在新建筑和 2010 年后装修的建筑上，更换的电表也应使用智能电表，以便节省消费者能源成本和提高电厂利用效率；修订节能法和节能条例，从 2009 年开始提高建筑物的能源效率，要求平均提升约 30%。

（2）可再生资源方面

修订的《可再生能源法案》规定到 2020 年，可再生能源电力供应至少增加 30% 的份额，德国热量的 14% 必须来自于可再生的能源，同时政府补助新建筑和调整可再生能源的市场激励计划额度提高到 500 万欧元；另外制定的《电网扩展法》中也要求扩大电力系统的范围以保障网络的安全和可再生能源的顺利发展；修订的《天然气与电网连接条例》将更多的沼气送入到燃气管网，到 2030 年实现 10% 的市场份额。

（3）交通方面

在保证生物柴油和植物油燃料可持续生产的前提下，到 2020 年适当增加生物燃料的比例，以便保证土地的生态价值和粮食安全；发展电动汽车计划，为企业和消费者建立一个研究的可靠框架，并将重点放在电池技术和汽车技术领域；按照收费率修订条例规定，减免清洁车辆的收费标准，降低对节能车辆的税收率。

联邦环境署（Umwelt Bundes Amt，UBA，www.umweltbundesamt.de）是联邦环境、自然保护和和安全部的下属机构之一，是德国实施二氧化碳监测和统计的重要机构，收集国家、欧洲和国际公约协定的基础数据和计算数据，对国家排放清单系统进行进一步的细节描述，解释组织、技术和质量相关方面的排放报告。

8.2.2.2 排放交易委员会

德国排放交易委员会（Deutsche Emissions Handels Stelle，DEHST，http://www.dehst.de）在联邦环境署（UBA），是国家借助市场工具实施《京都议定书》的主管部门，实施以项目为基础的联合履约（Joint Implemetation，JI）机制和清洁发展机制（Clean Development Mechanism，CDM），其任务涵盖了《欧洲排放交易计划指令》、《温室气体排放限额交易法》（Treibhaus Gas Emissions Handels Gesetz，TEHG）、《德国分配法案》以及《项目机制法》（ProMechG），旨在与国际气候保护机制整合的基础上实现生态和经济的双赢。

8.2.2.3 联邦食品、农业和消费者保护部

长期以来德国生物能源政策一直以来没有得到较好的实施，但随着全球气候变暖，有效利用生物质能发电既能保护环境，又能解决资源供应的问题，同时还能在一定程度上提高全国的就业水平，因此利用生物质能发电成为应对气候变暖的一个重要策略。

联邦食品、农业和消费者保护部（Federal Ministry of Food, Agriculture and Consumer Protection, www.bmelv.de）致力于提高生物质能源在能源使用中的比例。德国政府在日益减少的化石燃料和气候变暖的背景之下，实施了一项生物质能的行动计划，更有效率、更环保的能源供应是其面临的一项重要任务。可再生的生物质能源生产具有三大优势：化石燃料的储备资源、有助于减缓气候变化的影响、促进价值创造和就业。该部在生物质能行动计划中从确保可持续生物质供应、减轻生物质使用冲突、生物质产生的热量、生物质发电、生物燃料等几个方面对促进生物能源利用的措施作了详细介绍。

该部在分析农业和食品行业温室气体排放数据的基础上，对上游行业（输入的产品，如饲料、能源）、农业生产（农业、林业和渔业）、可再生资源使用、捕鱼业、食品加工业、食品贸易和运输、食品消费过程当中缓解温室气体排放的具体方案作了详细研究，提出了相关政府政策措施；同时，研究气候变化对农业、林业和渔业的生产影响，并在指出行业适应方案的基础上对政府部门如何帮助农业、林业和渔业适应气候变化的措施作了详细规定。

8.2.2.4 联邦运输部、建筑和城市事务部

联邦运输部、建筑和城市事务部（Federal Ministry of Transport, Building and Urban Development, http://www.bmvbs.de）结合温室气体排放统计与监测的数据开展城市运输建设工程项目规划与建设。按照联邦温室气体减排目标的要求，缩减温室气体排放量高的建设项目的实施，促进低碳建设项目的开展，从而保证低碳城市建设的顺利开展。

8.2.3 澳大利亚

8.2.3.1 澳大利亚温室气体和能源数据办公室

温室气体和能源数据办公室（The Greenhouse and Energy Data Office, GEDO, www.climatechange.gov.au/government/initiatives/national-greenhouse-energy-reporting/privacy.aspx）作为负责澳大利亚《国家温室和能源报告》的专门部门，在温室气体减排政策的制定过程中发挥着重要作用。根据澳大利亚温室气体排放监测统计制度的规定，满足报告门槛的企业和设施需要在温室气体和能源数据办公室注册，注册成功的公司通过综合活动报告在线系统提交能源和温室气体排放数据，生成年度报告并由澳大利亚温室气体和能源数据办公室提交，以履行其国家温室和能源报告（NGER）的义务。

根据《国家温室和能源报告（NGER）法》的规定，为了能够及时和详实地告知公众在澳大利亚排放温室气体的企业集团排放量和能源流动，澳大利亚温室气体和能源数据办公室必须及时公布 NGER 数据。另外，进行数据公布也要基于以下几个方面的考虑：①为未来的排放交易计划提供基础数据支撑；②履行澳大利亚的国际报告义务；③协助联邦、州和地方政府应对气候变化的计划和活动；④避免在国家和地方重复发布类似的报告。

基于此，澳大利亚温室气体和能源数据办公室主动将关键数据报告给指定的对象。根据 NGER 法将温室气体排放和能源数据报告给指定的英联邦部长、政府机构和为联邦提供服务以及负责管理温室气体排放和能源生产或能源消费数据的相关个人；这些数据也会报告给第三方以便审查澳大利亚履行向国际报告有关温室气体排放、能源生产和能源消费的

义务情况；国家和各地方的数据也会公布，以便减少类似报告方案的重复；最后，对于数据安全设置了严格的保护措施，以便保护任何人或机构提交的温室气体排放和能源信息不被泄露。

8.2.3.2 澳大利亚多党气候变化委员会

澳大利亚多党气候变化委员会（Multi-Party Climate Change Committee，http://www.climatechange.gov.au/government/initiatives/multi-party-committee.aspx）于 2010 年 9 月 27 日成立，探索实施"碳价格"和澳大利亚应对气候变化的挑战，该委员会在澳大利亚气候变化和能源效率部的支持下，主张"碳价格"是减少二氧化碳排放的必要经济改革措施，鼓励对低碳排放技术及相关配套措施的投资，包括可再生能源和能源效率，还为社区建设提供应对气候变化方面的咨询和协助服务。

该委员会通过部长向内阁咨询、洽谈和报告协商一致的气候变化和能源效率报告。

8.2.3.3 澳大利亚气候变化和能源效率部

澳大利亚气候变化和能源效率部（Department of Climate Change and Energy Efficiency，DEECC，http://www.climatechange.gov.au）是澳大利亚国家温室气体排放清单编制的主要负责部门。能源清单数据来源于澳大利亚全国大型工厂和设施根据《国家温室和能源报告法》向 DEECC 温室气体和能源数据办公室汇报的温室气体排放和能源数据（设施层面）；数据来源还包括能源和旅游部、农业及资源经济所能源处的国家能源统计数据，必要时以澳大利亚能源供应协会和澳大利亚能源市场管理机构提供的二次数据作为补充和对照。同时设施层面的能源消费数据还会抄送该处作为校核国家能源平衡表的参考资料。

8.2.3.4 澳大利亚农业、渔业和林业部

澳大利亚农业、渔业和林业部（Department of Agriculture，Fisheries and Forestry，DAFF，http://www.daff.gov.au）依据温室气体排放监测数据制定和完善了相应的农业政策、渔业扶持政策和林业发展项目，旨在促进澳大利亚本土农林渔业发展符合国家环境保护相关政策和制度要求。气候变化对于澳大利亚经济的所有部门，特别是依赖自然资源的部门（如农业部和林业部）是一个很大的挑战，澳大利亚农业、渔业和林业部负责帮助初级产业和生产者适应和应对气候变化作出正确的选择和决定。在澳大利亚气候变化和能源效率部的数据支撑下，该部门的气候变化研究计划主要集中在三个优先领域中：减少温室气体排放；改善土壤管理方案，确定农业土壤的碳封存潜力；替代性的管理实践的研究和发展适应性管理实践和技术。

其"碳农业倡议"（Carbon Farming Initiative，CFI）计划涉及碳计入计划、碳抵消方法、生物碳能力建设计划以及帮助农民和土地拥有者从碳交易市场中获取利益的信息和工具等方面。首先，部门试图建立一个与澳大利亚证券交易所相似的碳计入计划，通过建立相应的规则和规例使碳信用额度可以在一个开放和公平的市场上进行交易；其次，在吸收温室气体排放监测数据基础上，对由国内一个独立的委员会评估的碳抵消方法进行进一步的研究和改进；再次，由政府提供信息和工具，区域保护调解人向农民、森林种植者和其他土地所有者提供有关"碳农业倡议"的信息，以帮助农民和土地所有者受益于碳交易市

场；最后，生物固碳能力建设计划也在国家政府投资的基础上，帮助农民和土地管理者更好地了解生物固碳在减少温室气体排放中的作用。

8.2.4 英国

8.2.4.1 英国能源与气候变化部

英国能源与气候变化部（Department of Energy and Climate change，http://www.decc.gov.uk）作为英国温室气体监测和统计部门，也是英国制定温室气体政策的牵头部门，主要工作内容是能源节约、能源安全、能源低碳、能源遗产，以及在分析国内温室气体数据并与其他行政部门合作基础上实施满足英国需求的碳预算。

该部门对大气微量气体监测的数据有利于核实英国温室气体清单，符合欧盟程序的要求。世界温室气体数据中心（World Data Centre for Greenhouse Gases，WDCGG）和二氧化碳信息分析中心（Carbon Dioxide Information Analysis Center，CDIAC）都对该数据进行了公开。

该部门负责的温室气体排放量监测数据在每年 4 月 15 日以报告形式提交到《联合国气候变化框架公约》（United Nations Framework Convention on Climate Change，UNFCCC）秘书处和欧盟，主要内容包括化石燃料消耗、工业生产和农业温室气体排放方面的信息，这些数据包括签署了《京都议定书》的英国属地（泽西岛、格恩西岛、马恩岛）和海外领地（百慕大、开曼群岛、马尔维纳斯群岛、直布罗陀、蒙特塞拉特）等，提供的农业、商业、能源、工业土地、住宅、运输、废物等方面的温室气体数据和清单有利于将温室气体减排的任务分配到各个相应政府部门，并成为各部门制定温室气体政策的重要依据。

利用温室气体排放统计数据，英国能源与气候变化部组织实施了碳计划、智能电表、绿色新政等应对气候变化的措施。

"碳计划"是 2011 年 3 月首次提出的，是包括国内和国际活动及行动的关于气候变化的政府计划，规定了政府部门在今后 5 年内的行动，并提出了跨政府应对气候变化行动计划，实施内部问责制和提高公众透明度。

"智能电表计划"是国家重大项目，涉及国内每个家庭和众多企业的 5 300 万煤气和电表的更换，有利于转变能源的供应和使用方式，有助于能源消费者更好地管理和减少能源使用，将低碳经济的理念应用于实际生活当中。

英国的《能源法案》于 2010 年 12 月 8 日向议会提交，包括提供新的"绿色新政"，其目的是改革和提高英国能源效率水平。政府也正在建立一个框架，促使民营企业向消费者提供可提高家园和社区空间能源效率的方案。

在减少碳排放的措施上，英国能源与气候变化部通过"碳预算"、"碳捕获和储存"、"碳抵消"、"碳中立"和"碳估值"等几个方面对减少排放的具体实施流程做了详细描述。

8.2.4.2 气候变化委员会

气候变化委员会（Committee on Climate Change，CCC，http://www.theccc.org.uk/）成立于 2008 年 11 月，根据《气候变化法案》将政府的减排目标和实际减排数量的进展向议会报告；同时，编写构建低碳经济、碳预算、能源效益计划、可再生能源等方面的报告。

作为其法定职责之一，在 2011 年 6 月 30 日第三次向议会提交了"碳预算"的进展报告，对政府部门满足"碳预算"和减少温室气体排放方面的最新进展进行了详细说明。

8.2.4.3 环境、食物及农村事务部

英国环境、食物及农村事务部（Department for Environment Food and Rural Affairs, http://www.defra.gov.uk）通过收集到的温室气体监测数据，从技术、方法和国家战略、政策与行动的角度，分析其对农业发展的影响，制定和颁布一系列有益于保护全球气候的政策和措施，促进可持续发展。

英国环境、食物及农村事务部主要关注气候变化造成的全球气温升高、海平面上升、极端气候加剧等方面，并在能源和气候变化部（DECC）领导的政府减缓气候变化的政策推动下，逐步缓解气候变化的趋势，倡导主动适应现有的气候变化，正如其对气候变化的认识中提到处理气候变化的方式应该是"适应"，应对气候变化方式应该是"缓解"，并为市民、企业/组织、社区/民间、地方当局、农业部门提供较好的交互式咨询服务。

其主要负责的关于农业、林业、土地管理、废物、含氟气体、工业生产过程中非 CO_2 排放量、水处理和使用等领域的温室气体排放政策大多都在英国国内具有决定性的作用，同时其实施的许多政策鼓励可持续发展方式，支持向绿色经济过渡。在与其他政府部门的合作中也致力于采用可持续措施减少温室气体的排放，争取在带来环境效益的基础上不会产生经济和社会的负面影响。

8.2.4.4 运输部

英国运输部（Department for Transport, http://www.dft.gov.uk）依据温室气体排放统计监测的数据对国内运输业及道路建设提出要求、形成政策机制、制定相关强制性法规，以实现国内运输业的绿色发展。

其在气候变化方面主要关注可持续旅游和环境的建设，采取措施改善当地环境、减少交通拥堵，并鼓励健康和安全的生活方式，致力于在跨政府部门合作的基础上创建安全的绿色社区。

生物燃料、低排放量汽车方案、短途步行和循环措施是其主要的气候环境主题，另外针对汽车使用过程中 CO_2 的排放，提出发展绿色汽车和驾驶，并对十大类最佳的 CO_2 比较工具进行审查，以便更好地监测车辆 CO_2 排放量并制定相应措施。

8.2.4.5 其他部门

与英国能源与气候变化部合作的主要政府部门包括节能信托基金，碳信托，环保署，煤炭管理局，商业、创新和技能部，燃气、电力市场办公室等。

另外还包括民用核警察机关、煤炭管理局、核退役管理局、气候变化委员会、放射性废物管理委员会、燃料贫穷问题咨询小组和核负债融资担保办等 7 个非政府部门的公共机构。

8.2.5 欧盟

欧盟作为多个国家的共同体，在运用温室气体监测数据上有其特殊性，涉及的地域和

人口范围要比单个国家大得多。

8.2.5.1 欧盟统计局

欧盟统计局（Eurostat，http://epp.eurostat.ec.europa.eu/portal/page/portal/eurostat/home/）在提供关于 GDP 数据、人口失业和就业数据的同时，还负责对温室气体排放数据进行整理和分析，以提供更好的数据格式和形式给有关部门制定政策做参考之用。

欧洲统计局指出以温室气体监测统计数据为基础的应对气候变化政策需要大量的信息，目前正在制定的政策需要解决以下方面的问题，包括：①以一种优化和高效的经济方式分配排放权到各个成员国；②控制气候变化对经济增长和就业的负面影响；③提供给公民和企业用以改变消费模式的信息；④尽量减少由于经济结构的变化导致的社会混乱；⑤识别和衡量由改进和潜在的绿色消费和生产模式直接引导的一种新的社会结构的变化。

欧盟统计局主要通过识别已有的或新的能够满足政策需求的信息，并把信息纳入统计数据集，处理信息以便更好地进行社会应用。

鉴于温室气体监测排放数据的广泛性，欧盟统计局将进一步制定关于各个领域的更加丰富的资料数据集，为相关部门实施对应的减排政策提供基础数据资料。另外，欧洲统计局已经提供了关于能源、交通和环境的温室气体排放的一个统计指南，以便相关部门更好地收集、处理温室气体的排放数据。

8.2.5.2 欧盟环保署

欧盟环保署（European Environment Agency，EEA，http://www.eea.europa.eu）以欧盟理事会的名义在欧盟统计局及相关部门的协助下书写并提交年度报告到《联合国气候变化框架公约》秘书处，以履行欧盟环保署的国际义务；同时，分析相关数据以制定下一阶段的环境保护措施和政策。

欧盟环境署自 1994 年正式成立运行以来，一直致力于促进和推动欧盟各个国家环境政策的制定、实施和评估，其主要的任务是帮助成员国作出正确的政策决定，在发展经济的同时注重改善环境、实现可持续的发展以及与欧洲环境信息和观测网络协调合作。欧盟环境署收集的温室气体数据主要提供给欧洲联盟机构——欧洲委员会、欧洲议会、欧洲理事会以及成员国使用，另外欧盟经济和社会委员会及地区委员会等欧盟机构也是其服务对象。考虑到环境因素被越来越多的政府部门政策一体化，欧盟环境署还注重与运输、能源、农业和地区政府部门之间的合作，以提供更好的环境政策建议。

在关于气候变化数据的公开上，欧盟环境署成立了气候变化数据中心，提供温室气体排放数据、气候变化影响的信息访问，并优先考虑提供给欧盟和国家决策者、非政府组织、企业、媒体和科学家以及一般公众与政策相关的数据和信息。另外，作为一个由 27 个成员国组成的共同体，欧盟环境署在提供温室气体数据和信息的基础上，也特别关注各个成员国在应对气候变化时国家适应战略的制定和实施情况，专门对国家适应战略的进展情况进行了统计和分析。

8.2.5.3 欧洲经济和社会委员会

欧洲经济和社会委员会（European Economic and Social Committee，EESC，

www.eesc.europa.eu）以温室气体排放统计的数据为基础加以分析，向欧洲议会、欧盟理事会和欧洲委员会提出关于运输、能源、农业发展的建议和提供相关咨询服务；同时，以各种方式鼓励市民社会组织更多地投入到环保工作当中。

其下设的农业、农村发展和环境机构主要负责农业和环境的相关政策工作，在将温室气体数据与农业发展数据相结合的基础上，对包括共同农业政策、可持续发展战略和气候变化政策在内的政策措施进行制定和更新；另外，包括一些具体的技术性问题，如垃圾，空气质量，林业、渔业管理和控制等。在与包括欧盟机构和国家、区域和地方政府以及民间组织充分接触和协商的基础上，提议关于农业和环境方面的政策措施。

其下设的交通、能源、基础设施和信息社会机构涵盖了关于各种运输方式、不同形式能源生产、重大基础设施网络建设和信息社会以及公众利益的服务，与欧盟机构和具有代表性的民间组织有很紧密的联系。近来，在关注气候变化和温室气体数据的基础上，TEN充分履行自身的职责作用，倡导可持续的交通政策和提高能源效率。

8.2.6　日本

8.2.6.1　环境省

环境省（Ministry of the Environment Government of Japan，http://www.env.go.jp）作为日本中央省厅之一，在负责推进实施政府有关防止地球温暖化、臭氧层保护等地球环境保全政策中需要有关温室气体排放的详细数据，另外，在自然环境保护与环保合作的过程中也需要相关数据支撑，以制定和实施政府综合环境政策和法令。

在其下设部门中，部长秘书处负责省内人事、法令和预算等业务的综合协调，牵头制定各具体方针，此外还进行政策评估、新闻发布、环境信息收集等，致力于使环境省功能得到最大限度地发挥，各个单位主管部门必须向部长秘书处提交温室气体报告数据。

综合环境政策局根据二氧化碳排放数据负责计划和制定有关环保的基本政策，并推进该政策的实施，同时就有关环保事务与有关行政部门进行综合协调。

地球环境局负责推进实施政府的有关防止地球温暖化、臭氧层保护等地球环境保全的政策。此外，还负责与环境省对口的国际机构、外国政府等进行协商和协调，向发展中地区提供环保合作。

地方环境事务所，主要负责构筑国家和地方在环境行政方面的新的互动关系，是环境省派驻地方的分支机构，在充分了解地方温室气体排放情况的基础上，根据当地情况灵活机动地开展细致的施政，涉及广泛的业务。

综合环境政策局则负责计划和制定有关环保的基本政策，并推进该政策的实施，同时就有关环保事务与有关行政部门进行综合协调。根据《环境基本法》的规定：环境大臣必须听取中央环境审议会的意见，制定环境基本计划草案，提交内阁批准；环境大臣在前一款规定的内阁审议批准后，必须及时地公布环境基本计划。在充分分析温室气体排放数据的基础上，综合环境政策局针对全球气候环境的变化主动推进环保教育和学习，促进环保活动，构建可持续的社会，出版向国民介绍环境现状和环保对策实施情况的年度报告《环境白皮书》。

为了应对目前的环境问题，需要通过改善环境以发展经济、并通过经济的活力促进环境改善，以实现"环境和经济发展的良性循环"，以此建设一个环境和经济成为一体共同发展的社会。通过制定《环境和经济发展良性循环远景目标——HERB 构想》，描绘了通过使环境和经济良性循环，以使日本成为健全、美丽和富裕的环境发达国家的 2025 年日本蓝图，从而激励国民、企业和政府部门共同努力实现环境和经济发展的统一。

旨在防止地球温暖化的《京都议定书》制定了日本二氧化碳削减的目标，为了实现这个目标，环境省准备把环境税作为有力手段。所谓环境税，是对电力、燃气及汽油等排出引起地球温暖化的二氧化碳的物质所征收的税金。该税金根据二氧化碳的排放量，要求全民负担，这是一个全民参与的机制。在温室气体排放监测数据的经验研究下，环境省通过设置环境税以减少温室效应气体，从而推进对依赖化石燃料的社会经济体系和产业结构的改革。另外为了能够更好地促进温室气体减排，环境省在审批道路、机场和发电厂等建设项目时，要求企业自主对项目进行环境影响调查、预测和评价，并公布其结果，以听取国民、地方公共团体等的意见，并根据所反映的意见，从环保的观点出发，制定出更优的事业计划。环境省为了保证环保措施到位，对基于环境影响评估法等的环境影响评估手续进行审查，同时对制度进行充实和强化。

8.2.6.2 产业经济省

日本经济产业省（http://www.meti.go.jp）根据温室气体排放监测的数据，对国内产业发展战略作出调整，严格控制温室气体排放源的数量和规模，保证经济持续发展的同时兼顾减缓全球变暖的责任，制定相关政策法令，履行国际义务。2010 年 6 月在日本福井县福井市召开的亚太经合组织日本能源部长，讨论了能源安全、节约能源、推广非化石燃料能源（核能、可再生能源）和清洁使用化石燃料能源等主要内容，促进了二氧化碳减排政策的实施，在确保能源安全的前提下创造一个低碳社会。

参考文献

[1] Ang B W, Zhang F Q, Choi K. Factoring changes in energy and environmental indicators through decomposition[J]. Energy, 1998, 23（6）: 489-495.

[2] Anita E. The European Emissions Trading Scheme: An exploratory study of how companies learn to account for carbon[J]. Accounting, Organizations and Society, 2009.

[3] Baranzini A. What do we know about carbon taxes—an inquiry into their impacts on competitiveness and distribution of income[J]. Energy Policy, 2004.

[4] Bruce M. Clean Coal Engineering Technology[M]. Butterworth Heinemann, 2010.

[5] Bruce M. Coal Energy Systems[M]. Academic Press, 2004.

[6] Cahn D, Greer W, Moir R. Atmospheric CO_2 and the US cement industry[J]. World Cement, 1997, （8）: 64-68.

[7] Cement Sustainability Initiative. CO_2 and Energy Accounting and Reporting Standard for Cement Industry.Verson 3.0[M]. Switzeland: WBCSD, 2011.

[8] David W. Power Plants and Power Systems Control 2006[M]. Elsevier, 2007.

[9] Acha E, Fuerte-Esquivel C R, Ambriz-Pérez H, et al.. FACTS, Modeling and Simulation in Power Networks[M]. New York: Wiley, 2004.

[10] Ernst W, Lynn P, Nathan M, et al.. Carbon dioxide emission from the global cement industry[J]. Annu Rev Energy Environ, 2001, 26（5）: 303-329.

[11] Feng L, Ross M, Wang S. Energy efficiency of China's cement industry[J]. Energy, 1995, 20（7）: 669-681.

[12] Fishbone L G, Abilock H. Markal, a linear-programming model for energy systems analysis: technical description of the BNL version[J]. Energy Research, 1981: 353-375.

[13] Ford A. Testing snake river explorer[J]. System Dynamics Review, 1996, （12）: 305-329.

[14] Friedl B, Getzner M. Determinants of CO_2 emissions in a small open economy[J]. Ecological Economics, 2003, 45（1）: 133-138.

[15] Gabel K, Forsberg P, Tillman A M. The design and building of a lifecycle-based process model for simulating environmental performance, product performance and cost in cement manufacturing[J]. Cleaner Production, 2004, 12（1）: 77-93.

[16] Garg A, Bhattacharya S, Shukla P R, et al.. Regional and sectoral assessment of greenhouse gas emission in India[J]. Atmos Environ, 2001, 35（15）: 2679-2695.

[17] Hendriks C A, Worrell E, De Jager D, et al.. Emission reduction of greenhouse gases from the cement industry[J]. Greenhouse Gas Control Technologies Conference Paper-Cement, 2004（8）: 1-11.

[18] IEA（International Energy Agency）. Energy statistics and balances of OECD and non-OECD countries

（electronic version）[R]. 2000.

[19] IEA. Cement Technology Roadmap 2009：Carbon Emission Reductions up to 2050[Z]. 2009.

[20] IEA. Selected 2008 indicators for Australia and China[EB/OL].（2010-09-05）[2010-09-05] http://www.iea.org.

[21] IPCC. 2006 IPCC Guidelines for National Greenhouse Gas Inventories[M]. IGES National Greenhouse Gas Inventories Programme，2006.

[22] IPCC. 2006 IPCC Guidelines for National Greenhouse Gas Inventories[R]. 2006.

[23] IPCC. Climate Change 2007 Synthesis Report[R]. United States，35-37.

[24] IPCC. Summary for Policy Makers of Climate Change 2007[M]. Cambridge：Cambridge University Press，2007.

[25] Suarez-Ruiz I. Applied Coal Petrology. The Role of Petrology in Coal Utilization[M]. Academic Press，2008.

[26] Ratnatunga J，Jones S，Balachandran K R. The valuation and reporting of organizational capability in carbon emissions management[J]. Accounting Horizons，2011，25（1）：127-147.

[27] Shogren J. Encyclopedia of Energy，Natural Resource，and Environmental Economics[M]. Elsevier，2013.

[28] Jean-Baptiste P，Dueroux R. Energy Policy and climate change[J]. Energy Policy，2003.

[29] Jeferson B S，Mauricio T T. Energy efficiency and reduction of CO_2 emission through 2015：the Brazilian cement industry[J]. Mitigation and Adoption Strategies for Global Change，2000，（5）：297-318.

[30] Joachim H. Development of clinker substitutes in the cement industry[J]. Z K G Int，2006，59（2）：58-64.

[31] Reynolds J. Environmental and Economic Considerations in Energy Utilization[M]. Ann Abror Sydney Publishers，1981.

[32] Kneifel J. Life-cycle carbon and cost analysis of energy efficiency measures in new commercial buildings[J]. Energy and Build，2010（42）：333-340.

[33] Vaillancourta K，Labriet M，Loulou R，et al.. The role of nuclear energy in long-term climate scenarios：An analysis with the World-TIMES model[J]. Energy Policy，2008（36）：2296-2307.

[34] Kaya Y. Impact of carbon dioxide emission control on GNP growth：interpretation of proposed scenarios[M]. 1990.

[35] Kessler G. Requirements for nuclear energy in the 21st century：nuclear energy as a sustainable energy source[J]. Progress in Nuclear Energy，2002.

[36] Price L，Sinton J，Worrell E，et al.. Energy use and carbon dioxide emissions from steel production in China[J]. Energy，2002，（3）：429-446.

[37] Ozawa L，Sheinbaum C，Martin N，et al.. Energy use and CO_2 emissions in Mexico's iron and steel industry[J]. Energy，2002，27（3）：225-239.

[38] Liu L，Fan Y，Wu G，et al.. Using LMDI Method to analyze the change of China's industrial CO_2 emission from final fuel use：an empirical analysis[J]. Energy Policy，2011，（3）：24-25.

[39] Oda J，Akimoto K，Sano F，et al.. Diffusion of energy efficient technologies and CO_2 emission reductions in iron and steel sector[J]. Energy Economics，2007，（29）：868-888.

[40] Breeze P. Power Generation Technologies[M]. Newnes，2005.

[41] Fusaro P C. Green Trading Markets：Developing the Second Wave[M]. Elsevier，2005.

[42] Quadrelli R，Peterson S. The energy climate challenge：Recent trends in CO_2 emissions from fuel combustion[J]. Energy Policy，2007，8（35）：593-594.

[43] Saysel A K，Barlas Y，Yenigün O. Environmental sustainability in an agricultural development project：a system dynamics approach[J].Journal of Environmental Management，2002，64（3）：247-260.

[44] Anand S，Vrat P，Dahiya R P. Application of a system dynamics approach for Assessment and Mitigation of CO_2 Emissions from the Cement Industry[J]. Journal of Environmental Management，2006，（79）：383-398.

[45] Sheinbaum C，Luis R V. Recent trends in Mexican industrial energy use and their impact on carbon dioxide emissions[J]. Energy Policy，1997，25（7-9）：825-831.

[46] Schaltegger S，Burritt R. Contemporary Environmental Accounting：Issues，Concepts and Practice[M]. Concepts and Practice，2000.

[47] Sun W Q，Cai J J，Mao H J，Guan D J. Change in carbon dioxide（CO_2）emissions from energy use in China's iron and steel industry[J]. Journal of Iron and Steel Research（International），2011，（6）.

[48] The European Cement Association. Best Available Techniques for The Cement Industry[R]. 1999.

[49] The European Cement Association. Alternative Fuels in Cement Manufacture[R]. 1997.

[50] The Office of Legislative Drafting and Publishing，Attorney-General's Department. National Greenhouse and Energy Reporting（measurement）Determination 2008[M]. Canberra，Australia：the Office of Legislative Drafting and Publishing，Attorney-General's Department，2008.

[51] UNEP，OECD. IPCC Guideline for National Greenhouse Gas Inventories[J]. IPCC Bracknell，1995.

[52] UNFCCC. GHG data from UNFCCC[EB/OL].（2010-09-05）[2010-09-05]http://unfccc.int.

[53] Waaub J-P，Zaeeour G. Energy and Environment[M]. Springer，USA，111-148.

[54] World Bank. World Development Indicators[R]. Washington，USA，2001.

[55] World Business Council for Sustainable Development. Toward a Sustainable Cement Industry[R]. 2002.

[56] Zhang X P."Multiterminal voltage-sourced converter-based HVDC models for Power flow analysis" IEEE Trans[J]. Power Syst，2004，（4）：1877-1884.

[57] Kim Y，Worrell E. CO_2 emission trends in the cement industry：an international comparison[J]. Mitigation and Adaptation Strategies for Global Change，2002（2）：115-133.

[58] Zhang Z X. Macroeconomic effects of CO_2 emissions limits：a computable general equilibrium analysis for China[J]. Journal of Policy modeling，1998，20（2）：213-250.

[59] 安祥华，姜昀. 我国火电行业二氧化碳排放现状及控制建议[J]. 中国煤炭，2011，37（1）：108-110.

[60] 白皓，刘璞，李宏煦，等. 钢铁企业 CO_2 排放模型及减排策略[J]. 北京科技大学学报，2010，32（12）：62-66.

[61] 蔡九菊，王建军，张琦，等. 钢铁企业物质流、能量流及其对 CO_2 排放的影响[J]. 环境科学研究，2008，21（1）：196-200.

[62] 曾少军. 中国钢铁业节能减排的技术路径——基于清洁发展机制（CDM）的研究[J]. 工业技术经济，2009，28（1）：2-6.

[63] 曾学敏. 水泥工业能源消耗现状与节能潜力[J]. 中国水泥，2006（3）：16-21.

[64] 陈超，胡聃，文秋霞，等. 中国水泥生产的物质消耗和环境排放分析[J]. 安徽农业科学，2007，35

（28）：8986-8989.

[65] 陈继辉，程旭. 钢铁企业二氧化碳减排技术浅析[J]. 冶金能源，2012，31（5）：3-6.

[66] 崔素萍. 水泥生产过程中 CO_2 减排潜力分析[J]. 中国水泥，2008，（4）：57-59.

[67] 大唐国际发电股份有限公司. 大型火电机组经济运行及节能优化[M]. 北京：中国电力出版社，2012.

[68] 代百乾，张忠孝，王婧，等. 我国火力发电节煤和 CO_2/SO_2 减排潜力的探讨[J]. 节能技术，2008，26（2）：162-166.

[69] 邓杰敏. 低碳背景下钢铁产业碳排放情况的实证研究[J]. 长沙大学学报，2011，25（3）：20-21.

[70] 丁炜，朱林. 火电厂 CO_2 减排技术及成本探讨[J]. 电力科技与环保，2011，27（4）：9-13.

[71] 董会忠，薛惠锋，宋红丽，等. 钢铁工业能源消耗强度变动因素分析[J]. 科研管理，2009，（3）：132-138.

[72] 樊波，上官方钦，周继程，等. 降低钢铁工业二氧化碳排放的探究[C]. 2010 年全国能源与热工学术年会论文集，2010：240-243.

[73] 范金禾，李辉，云斯宁，等. 国际水泥工业 CO_2 排放计算及减排措施[J]. 化工环保，2009，（1）：31-34.

[74] 冯海昱，李杰生，韩莘莘，等. 火电企业参与煤炭期货交易的利弊分析[J]. 煤炭经济研究，2006，（6）：24-26.

[75] 高彩玲. 河南省水泥生产过程中 CO_2 排放量估算[J]. 资源开发与市场，2012，28（8）：696-698.

[76] 高长明. 2050 年世界水泥可持续发展技术路线图[J]. 水泥技术，2010，（1）：17-19.

[77] 韩娟，赵晨. 我国水泥工业二氧化碳排放现状与减排分析[J]. 海南大学学报：自然科学版，2010，28（3）：252-256.

[78] 韩庆礼，黄衍林，周守航，等. 低碳经济下钢铁行业二氧化碳排放的综合控制技术[J]. 新材料产业，2010，（6）：24-26.

[79] 韩颖，李廉水，孙宁. 中国钢铁工业二氧化碳排放研究[J]. 南京信息工程大学学报：自然科学版，2011，3（1）：53-57.

[80] 何宏涛，彭毅. 原料替代和降低熟料含量减排 CO_2 效果及应用[J]. 中国水泥，2010，（1）：63-66.

[81] 何宏涛，袁文献. 水泥生产中减排二氧化碳措施和效果分析[J]. 中国水泥，2005，（3）：47-49.

[82] 何宏涛. 水泥生产二氧化碳排放分析和定量化探讨[J]. 水泥工程，2009，（1）：61-65.

[83] 何宏涛. 选用适宜窑型和规模减排二氧化碳效果分析[J]. 建材发展导向，2009，7（1）：12-15.

[84] 何维达. 我国钢铁工业碳排放影响因素分解分析[D]. 北京：北京科技大学，2011.

[85] 贺成龙，吴建华，刘文莉. 水泥生态足迹计算方法[J]. 生态学报，2009，29（7）：3549-3558.

[86] 侯玉梅，梁聪智，田歆，等. 我国钢铁行业碳足迹及相关减排对策研究[J]. 生态经济，2012，261（12）：105-108.

[87] 胡静，艾丽丽. 后京都议定书时代的二氧化碳排放格局与中国面临的发展挑战[J]. 上海环境科学，2009，28（6）：267-270.

[88] 湖北省工业过程及能源温室气体清单编制研究课题组. 温室气体清单编制过程中重复计算问题的研究与探讨——以典型钢铁企业为例剖析 GHG 清单编制过程中排放源界定[R]. 认证技术，2012.

[89] 淮南市电机工程学会. 火电机组典型案例技术分析及防范措施[M]. 北京：中国电力出版社，2012.

[90] 黄志甲，丁晓，孙浩，等. 基于 LCA 的钢铁联合企业 CO_2 排放影响因素分析[J]. 环境科学学报，2010，（2）：444-448.

[91] 火电厂烟气治理设施运行管理技术规范（征求意见稿）. 中华人民共和国国家环境保护标准，2011.

[92] 贾俊松. 中国能耗碳排量宏观驱动因素的 Hi・PLS 模型分析[J]. 中国人口・资源与环境，2010，20

（10）：23-29.

[93] 姜华，吴波. 火电厂 CO_2 排放及减排措施[J]. 电力环境保护，2007，23（16）：40-41.

[94] 蒋小谦，康艳兵. 2020 年我国水泥行业 CO_2 排放趋势与减排路径分析[J]. 中国能源，2012，34（9）：17-21.

[95] 焦永道. 水泥工业大气污染治理[M]. 北京：化学工业出版社，2007.

[96] 金艳鸣. 我国各省电力工业碳排放现状与趋势分析[J]. 能源技术经济，2011，23（10）：56-60.

[97] 李冰，程小矛. 焦化行业碳排放核算及消减策略分析[J]. 冶金能源，2011，30（5）：7-9.

[98] 李东林，郎治. 高硫煤的富氧燃烧及烟气综合治理流程[P]. 成都华西工业气体有限公司，2011，（11）.

[99] 李东雄，杨博智，侯清濯，等. 燃煤电站 CO_2 排放状况及减排对策[J]. 电力环境保护，2000，16（2）：13-15.

[100] 李红强，王礼茂. 中国风电减排 CO_2 的成本测算及其时空分异[J]. 地理科学，2010（5）：651-659.

[101] 李坚利，周慧群. 水泥生产工艺[M]. 北京：化学工业出版社，2008.

[102] 李建锋，郝继红. 我国火电机组节能技改与 CDM 项目[J]. 电力技术，2010，19（2）：78-81.

[103] 李黎，郭少衍，张雅钦. 水泥产品品种及能耗与 CO_2 排放量的数量关系研究[J]. 建材发展导向，2010，8（1）：29-35.

[104] 李岭. 基于系统动力学的我国钢铁工业碳足迹研究[J]. 冶金自动化，2011，35（6）：7-10.

[105] 李文升，王泽众. 基于 CDM 和学习曲线的山东电网碳排放研究[J]. 电气应用，2012（13）：32-35.

[106] 李新，吕淑珍. 我国水泥工业碳排放特征及动态变化分析[J]. 环境科学与技术，2013，36（1）：202-205.

[107] 李新. 中国水泥工业 CO_2 生产机理及减排途径研究[J]. 环境科学学报，2001，31（5）：1115-1120.

[108] 刘胜强，毛显强，刑有凯. 中国新能源发电生命周期温室气体减排潜力比较和分析[J]. 气温变化研究进展，2012，8（11）：48-54.

[109] 刘颖昊，刘涛，丁晓，等. 钢铁联合企业 CO_2 排放影响因素与减排措施分析[C]. 第七届中国钢铁年会大会论文集（中），2009，28（6）：3-5.

[110] 刘宇，匡耀求，黄宁生，等. 水泥生产排放二氧化碳的人口经济压力分析[J]. 环境科学研究，2007，20（1）：118-123.

[111] 刘贞，蒲刚清，施於人，等. 钢铁行业碳减排情景仿真分析及评价研究[J]. 中国人口·资源与环境，2012，22（3）：77-81.

[112] 卢金勇. 中国火电行业环境技术效率及污染排放分解[D]. 广州：暨南大学，2011.

[113] 卢鑫，白皓，赵立华，等. 钢铁生产 CO_2 过程排放分析[J]. 冶金能源，2012，31（1）：5-9.

[114] 马保国，曹晓润，高小建，等. 水泥工业温室气体 CO_2 的排放及其减排技术路线研究[J]. 环境污染与防治，2004，26（2）：159.

[115] 马叔骥，李丹宁，马骏. 治理火电厂尾气污染并副产磷铵及硫酸的循环工艺[R]. 贵州科学院，2010.

[116] 毛健雄，毛健全. 当前我国燃煤火电机组降低 CO_2 排放的途径[J]. 电力建设，2011，32（11）：5-10.

[117] 毛玉如，方梦祥，马国维. 水泥工业的废弃物利用与 CO_2 排放控制探讨[J]. 再生资源研究，2004（4）：32-37.

[118] 孟繁强，姜琪，祁国琴，等. 钢铁行业清洁生产评价指标体系研究[J]. 钢铁，2003，38（21）：152-157.

[119] Pablo E Duarte, Jorge Becerra, 熊林. 联合钢厂采用无碳排放的 ENERGIRON 直接还原方案减少温室气体的排放[J]. 世界钢铁，2012（3）：1-8.

[120] 彭毅，孙欣林. 水泥厂主要有害气体及其防治[J]. 水泥工程，2008（5）：6-10.

[121] 秦少俊，张文奎，尹海涛. 上海市火电企业二氧化碳减排成本估算——基于产出距离函数方法[J]. 工程管理学报，2011，25（6）：704-708.

[122] 邱贤荣，汪澜. 水泥生产 CO_2 排放核算和监测[J]. 中国水泥，2012（12）：66-68.

[123] 冉锐，翁端. 中国钢铁生产过程中的 CO_2 排放现状及减排措施[J]. 科技导报，2006，24（10）：53-56.

[124] 饶文涛. 钢铁厂节能温室气体减排现状及对策[J]. 宝钢技术，2008（3）：16-20.

[125] 沙高原，刘颖昊，殷瑞钰，等. 钢铁工业节能与 CO_2 排放的现状及对策分析[J]. 冶金能源，2008，27（1）：3-5.

[126] 上官方钦，郦秀萍，张春霞. 钢铁生产主要节能措施及其 CO_2 减排潜力分析[J]. 冶金能源，2009，28（1）：3-7.

[127] 上官方钦，张春霞，郦秀萍，等. 关于钢铁行业 CO_2 排放计算方法的探讨[J]. 钢铁研究学报，2010（11）：1-5.

[128] 省级温室气体清单编制指南（试行）. 国家改革和发展委，2010.

[129] 盛刚. 钢铁联合企业生产工序碳排放流模型建构与 CO_2 排放分析[D]. 冶金自动化研究设计院，2012.

[130] 世界可持续发展工商理事会. 水泥行业二氧化碳减排议定书——水泥行业二氧化碳排放统计与报告标准[R]. 日内瓦：世界可持续发展工商理事会，2005（2）：45.

[131] 宋飞，付加锋. 世界主要国家温室气体与二氧化硫的协同减排及启示[J]. 资源科学，2012，34（8）：1439-1444.

[132] 孙克勤，钟秦. 火电厂烟气脱硝技术及工程应用[M]. 北京：化学工业出版社，2007.

[133] 唐明亮，陈晓冬，黄弘，等. 中国水泥工业二氧化碳减排潜力分析[J]. 中国建材，2006（5）：76-79.

[134] 佟贺丰，崔源声. 基于系统动力学的我国水泥行业 CO_2 排放情景分析[J]. 中国软科学，2010，（3）：40-50.

[135] 佟贺丰，屈慰双，刘娅. 中国钢铁行业 CO_2 排放的系统动力学情景分析[J]. 高技术通讯，2010，（5）：524-530.

[136] 涂正革. 中国的碳减排路径与战略选择——基于八大行业部门碳排放量的指数分解分析[J]. 中国社会科学，2012，（3）：78-94.

[137] 汪澜. 论中国水泥工业 CO_2 的减排[J]. 中国水泥，2006，（4）：34-36.

[138] 汪澜. 水泥生产 CO_2 排放量计算方法及评述[J]. 中国水泥，2011，（8）：52-55.

[139] 汪澜. 水泥生产企业 CO_2 排放量的计算[J]. 中国水泥，2009，（11）：21-22.

[140] 王刚. 水泥标准手册[M]. 北京：中国标准出版社，2006.

[141] 王克，王灿，吕学都，等. 基于 LEAP 的中国钢铁行业 CO_2 减排潜力分析[J]. 清华大学学报：自然科学版，2006，46（12）：1982-1986.

[142] 王灵秀，王雅明，郝庆军，等. 水泥行业熟料生产 CO_2 排放调查研究[J]. 中国建材科技，2010，（S2）：96-99.

[143] 王密，张铁军，何谋军. 水泥行业二氧化碳排放统计[J]. 环境与可持续发展，2012，37（4）：69-73.

[144] 王圣，王慧敏，朱法华，等. 我国火电行业 NO_x 排放因子的样本容量确定方法[J]. 长江流域资源与环境，2012，21（9）：1067-1072.

[145] 王威威，高知灵，李国翠，等. 低碳经济下钢铁行业的低碳策略[J]. 科技创业月刊，2011，24（8）：5-6.

[146] 王亮，王钢，郭宪臻，等. 高炉碳迁移规律及 CO_2 减排策略分析[J]. 钢铁技术，2012，（2）：1-4.

[147] 王文宗，武文江. 火电厂烟气脱硫及脱硝实用技术[M]. 北京：中国水利水电出版社，2009.

[148] 王向华，朱晓东，程炜，等. 不同政策调控下的水泥行业 CO_2 排放模拟与分析[J]. 中国环境科学，2007，27（6）：851-856.

[149] 王艳红，罗泊. 基于低碳发展的电能结构调整与优化——以四川省为例[J]. 四川理工学院学报：社会科学版，2013，28（2）：57-62.

[150] 王宗舞，庞宏建. 河南省燃煤发电及其大气环境影响分析[J]. 煤炭技术，2011，30（4）：43-45.

[151] 韦保仁，八木田浩史. 中国钢铁生产量及其能源需求和 CO_2 排放量情景分析[J]. 冶金能源，2005，24（6）：3-6.

[152] 魏丹青，赵建安，金迁致. 水泥生产碳排放测算的国内外方法比较及借鉴[J]. 资源科学，2012，34（6）：1152-1159.

[153] 吴克明，黄松荣，F Concha. 温室气体 CO_2 的分离回收及其资源化[J]. 武汉科技大学学报：自然科学版，2001，24（4）：365-369.

[154] 吴晓蔚，朱法华，周道斌，等. 2007年火电行业温室气体排放量估算[J]. 环境科学研究，2011，24（8）：890-896.

[155] 吴萱. 水泥生产中 CO_2 产生量计算及利用途径分析[J]. 环境保护科学，2006，32（6）：10-12.

[156] 夏德建. 基于情景分析的发电侧碳排放生命周期计量研究[D]. 重庆：重庆大学，2010，（10）.

[157] 夏俊涛. 火力发电企业持续有效组织清洁生产研究[D]. 北京：华北电力大学，2010，（12）.

[158] 谢克平. 水泥新型干法生产精细操作与管理[M]. 北京：化学工业出版社，2006.

[159] 谢玲. 钢铁企业循环经济评价指标研究[J]. 冶金信息导刊，2009，（2）：15-17.

[160] 严生，常捷. 新型干法水泥厂工艺设计手册[M]. 北京：中国建材工业出版社，2007.

[161] 殷素红，庞翠娟，穆彦，等. 水泥生产 CO_2 排放量化方法分析及数学模型建立[J]. 水泥，2012，（7）：1-6.

[162] 杨婷. 全球钢铁业降低二氧化碳排放的途径[J]. 冶金信息导刊，2008，45（3）：11-13.

[163] 杨晓东，张玲. 钢铁工业温室气体排放与减排[J]. 钢铁，2003，38（7）：65-69.

[164] 杨旭中. 火电工程设计技术经济指标手册[M]. 北京：中国电力出版社，2012.

[165] 杨振. 火电燃料消费过程对资源环境的影响评估[J]. 长江流域资源与环境，2011，20（2）：239-243.

[166] 叶友斌，邢芳芳，刘锟，等. 我国钢铁企业二氧化碳排放结构探讨[J]. 环境工程，2012，（30）：224-227.

[167] 易经纬. 广东电力低碳转型研究：路径、政策和价值[D]. 合肥：中国科学技术大学，2011，（4）.

[168] 余孝其. 减少 CO_2 排放方法评价[J]. 化学研究与应用，1993，5（1）：110.

[169] 袁敏，康艳兵，刘强，等. 2020年我国钢铁行业 CO_2 排放趋势和减排路径分析[J]. 中国能源，2012，34（7）：22-26.

[170] 翟融融. 二氧化碳减排机理及其与火电厂耦合特性研究[D]. 北京：华北电力大学，2010.

[171] 张辉，李会泉，陈波，等. 基于物质流分析的钢铁企业碳排放分析方法与案例[J]. 钢铁，2013，4（2）：86-92.

[172] 张敬，张芸，张树深，等. 钢铁行业二氧化碳排放影响因素分析[J]. 管理科学，2009，（1）：82-85.

[173] 张斌，倪维斗，李政. 火电厂和 IGCC 及煤气化 SOFC 混合循环减排 CO_2 的分析[J]. 煤炭转化，2005，28（1）：1-5.

[174] 张肖，吴高明，吴声浩，等. 大型钢铁企业典型工序碳排放系数的确定方法探讨[J]. 环境科学学报，2012，32（8）：2014-2027.

[175] 张玥，王让会，刘飞. 钢铁生产过程碳足迹研究——以南京钢铁联合有限公司为例[J]. 环境科学学报，2013，33（4）：1195-1201.

[176] 赵雅敬. 钢铁企业碳排放成本核算与评价研究[D]. 中南大学，2013.

[177] 赵晏强，李小春，李桂菊. 中国钢铁行业CO_2排放现状及点源分布特征[J]. 钢铁研究学报，2012，24（5）：1-4.

[178] 中国华电工程（集团）有限公司，上海发电设备成套设计研究院. 大型火电设备手册：输煤系统设备[M]. 北京：中国电力出版社，2009.

[179] 中国华电工程（集团）有限公司，上海发电设备成套设计研究院. 大型火电设备手册：烟风与煤粉制备系统设备[M]. 北京：中国电力出版社，2009.

[180] 中华人民共和国气候变化初始国家信息通报[M]. 北京：中国计划出版社，2004.

[181] 周和敏，聂祚仁，左铁镛，等. 钢铁生产流程CO_2编目分析评价[J]. 广州环境科学，2002，17（1）：21-24.

[182] 周韦慧，陈乐怡. 国外二氧化碳减排技术措施的进展[J]. 中外能源，2008，13（3）：7-13.

[183] 周颖，蔡博锋，刘兰翠，等. 我国火电行业二氧化碳排放空间分布研究[J]. 热力发电，2011，40（10）：1-3.

[184] 周至祥，段建中，薛建明. 火电厂湿法烟气脱硫技术手册[M]. 北京：中国电力出版社，2006.

[185] 朱然. 基于TIMES模型的电力行业控制CO_2方案优选[D]. 北京：北京交通大学，2011.

[186] 朱世龙. 北京市温室气体排放现状及减排对策研究[J]. 中国软科学，2009，（9）：93-98.

[187] 朱书景，薛改凤，林博. 二氧化碳控制技术及钢铁企业对策[J]. 武钢技术，2010，（3）：4-7.

[188] 朱松丽. 水泥行业的温室气体排放及减排措施浅析[J]. 中国能源，2000，（7）：25-28.

[189] 庄彦，蒋莉萍，马莉. 美国区域温室气体减排行动的运作机制及其对电力市场的影响[J]. 能源技术经济，2010，（8）：31-36.

[190] 宗仰炜，陈浩，廖立编. 大型火电机组锅炉运行技术问答[M]. 北京：中国电力出版社，2007.

后 记

自 2009 年国务院提出单位 GDP 的 CO_2 排放强度控制目标后，2010 年全国人大常委会确定了逐步建立和完善温室气体排放的统计监测体系的行动目标，2011 年国务院《"十二五"控制温室气体排放工作方案》提出加快建立我国三级温室气体排放统计核算体系，2012 年国家发展和改革委员会正式批准启动碳排放交易试点。随着应对气候变化工作形势的发展以及企业、行业、地方和国家对监测统计数据的巨大需求，排放统计方法（尤其是 CO_2）的基础地位愈发凸显。

基于环境统计与监测部门在当前主要工业污染物排放监测、统计领域的工作基础、统计效率、人力资源、制度保障等突出优势，探索有关方法将温室气体尽快纳入工作范畴，有利于促进该部门加强与完善环境监测统计指标体系，可为尽快建立适合我国国情的企业、地方和国家三级排放统计核算体系提供参考，有助于促使环境监测统计工作成为企业、行业、地方和国家应对气候变化工作的重要抓手，进一步缩小与发达国家在相关领域的差距。

我们撰写的《重点行业二氧化碳排放统计方法研究——基于环境统计报表制度》旨在探索基于报表制度开展温室气体排放统计监测的方法。本书回顾了 2008—2013 年将温室气体纳入环境监测与统计的理论方法、试点试验、扩大试点、调整与衔接、全国性统计试验的研究过程，全书由傅德黔负责总体设计，董文福统编、统审，具体承担各章节研究编写的是：傅德黔、景立新、董文福（导言）；唐桂刚、傅德黔、秦承华（第 1 章）；安海蓉、景立新、陈敏敏（第 2 章）；董广霞、赵银慧、李莉娜（第 3 章）；董文福、王修智、吕卓（第 4 章）；王鑫、董文福、封雪（第 5 章）；周同、董文福、赵银慧（第 6 章）；王军霞、吕卓、刘通浩（第 7 章）；万婷婷、傅德黔、封雪（第 8 章）。

本书关于环境统计与监测部门开展温室气体排放统计方法的观点，仅代表研究人员，不代表任何地区、部门的观点。由于基于环境统计报表的统计边界、统计指标与核算方法、制度安排、数据质量控制等关键问题仍处于研究探索阶段，可供直接参考的案例与文献较少，书中疏漏之处在所难免，偏颇、不当、失误之处敬请读者批评指正。

本书撰写过程中，得到了相关部门、承担统计试验试点工作的环境监测站、典型企业的大力支持，参阅、吸收了众多个人与组织的文献及研究成果，沿用了多种工厂物料计量、企业经济状况、工艺流程的表格形式。在此，表示衷心感谢！

作 者

2013 年 12 月